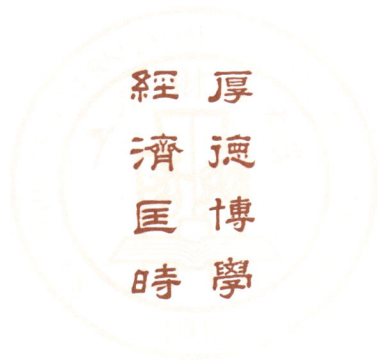

厚德博學
經濟匡時

匡时 人文社科文库

性别文化与环保主义

环境关心的社会性别差异研究

孙 莹◎著

Gender Culture

and

Environmentalism

上海财经大学出版社
SHANGHAI UNIVERSITY OF FINANCE & ECONOMICS PRESS

上海学术·经济学出版中心

图书在版编目（CIP）数据

性别文化与环保主义：环境关心的社会性别差异研究/孙莹著. 一上海：上海财经大学出版社，2023.11
（匡时·人文社科文库）
ISBN 978-7-5642-4143-8/F·4143

Ⅰ.①性…　Ⅱ.①孙…　Ⅲ.①性别差异-关系-环境保护-研究
Ⅳ.①B844②X

中国国家版本馆 CIP 数据核字（2023）第 048454 号

本书由北京市属高校基本科研业务经费项目"北京建筑大学青年教师科研能力提升计划"资助出版（项目编号 X22005）

　□ 责任编辑　李成军
　□ 封面设计　张克瑶

性别文化与环保主义

——环境关心的社会性别差异研究

孙　莹　著

上海财经大学出版社出版发行
（上海市中山北一路 369 号　邮编 200083）
网　　址：http://www.sufep.com
电子邮箱：webmaster@sufep.com
全国新华书店经销
上海华业装潢印刷厂有限公司印刷装订
2023 年 11 月第 1 版　2023 年 11 月第 1 次印刷

710mm×1000mm　1/16　13.25 印张（插页：2）　190 千字
定价：68.00 元

目　录

第1章 导 论

2020 年 1 月 22 日（当地时间），瑞士达沃斯小镇，17 岁的瑞典女孩格雷塔·桑伯格（Greta Thunberg）站在第 50 届"世界经济论坛"年度峰会的演讲席上，声称"世界正在着火"（The World is Currently on Fire），呼吁各个国家立即就气候变化做出行动。同期发布演讲的美国总统唐纳德·特朗普（Donald Trump）对其大为不满，并对桑伯格在 2019 年击败自己成为美国《时代》杂志年度风云人物耿耿于怀。桑伯格于 2003 年 1 月 3 日出生于瑞典斯德哥尔摩，从 8 岁开始就关注气候变化问题，以减少碳足迹为目标并影响其父母改变生活方式作为其在气候变化问题上的行动。2018 年 8 月 20 日，桑伯格开始在瑞典国会前静坐，要求政治人物对气候变化采取具体行动。这一行为通过 Instagram 公共社交平台迅速获得广泛响应与支持，仅 2018 年 12 月当月，世界各地至少 270 个城市的两万多名学生响应桑伯格而为气候变化罢课，该抗议活动口号为："周五为未来而战"（Fridays for Future）。2019 年 8 月，为践行减少碳排放的倡议，推动"反飞行运动"（The Anti-flying Movement）的推广，桑伯格驾驶着装载有太阳能电池板和水下涡轮机的 18 米长赛艇，从英国普利茅斯横渡大西洋，抵达美国纽约，参加了 9 月 13 日在纽约举行的联合国气候峰会，并在会上痛批各国领袖"未能解决温室气体排放问题，背叛了时代，偷走了下一代的未来"，其在各国元首齐聚场合的愤慨喊话引起了全球瞩目。

　　桑伯格引领的激进的环保行动在全球范围的各个领域产生了影响。2019 年时任欧盟委员会主席让-克劳德·荣克（Jean-Claude Juncker）表示，"2021 年至 2027 年的财政期间，欧盟预算内的每四分之一欧元支出将用于减缓气候变化的行动"；绿党在欧洲议会选举中的议员席位数从 52 个增加至 72 个，创下有史以来的最好成绩；英国民众对环境问题的关注度飙升至创纪录水平，关于气候危机的儿童图书销售量比前一年翻了一番；桑伯格的系列演讲以流行读物、绘画作品、歌曲、纪录片等各种文化与艺术形式广泛传播……英国《新科学家》（*The New Scientist*）杂志称 2019 年为"世界在气候变化中觉醒的一年"①，并以此来评价桑伯格"灭绝反叛"（Extinction Rebellion）的环保行动产生的影响。

　　桑伯格在世界舞台上的影响力被《卫报》和其他报纸形容为"格雷塔效应"②。她获得的荣誉和奖项众多，包括：苏格兰皇家地理学会荣誉院士，《时代》周刊杂志评选的 100 位最具影响力的人物和最年轻的时代人物，入选《福布斯》2019 年全球 100 位最具影响力女性榜单③，连续两次获得诺贝尔和平奖提名（2019 年和 2020 年）。④

　　回顾环保运动的历史，不少女性杰出领袖人物来自不同的地区，代表着不同的经济、种族与政治背景，但都展现了其洞察力、价值观念以及对地球环境的特殊敏感性，从而改变了历史发展的进程。

　　早在 19 世纪末的一些针对环境保护的运动，例如奥杜邦运动、阿巴拉契亚登山俱乐部等，女性已经在其中发挥着突出作用。进入 20 世纪后，美国女生物学家蕾切尔·卡逊（Rachel Carson，1962）出版了《寂静的

---

①　Adam Vaughan（21—28 December 2019），"The Year the World Wake Up to Climate Change，Special Report Review of the Year：Trends of 2019"，*The New Scientist*，Volume 244，Issue 3261，pp. 20—21.

②　Watts，Jonathan（23 April 2019），"The Greta Thunberg effect：at Last，MPs Focus on Climate Change"，*The Guardian*，ISSN 0261-3077，Archived from the Original on 28 August 2019，Retrieved 30 August 2019.

③　"World's Most Powerful Women"，*Forbes*，Retrieved 19 February 2020.

④　Terje Solsvik（26 February 2020），"Climate Activist Thunberg Heads Growing Field of Nobel Peace Prize Candidates"，Reuters.

春天》(*Silent Spring*)一书,警示人们杀虫剂对生态环境的破坏,引发了美国及西欧国家对人类与生态环境关系的深刻反思,开启了一个新的"生态学时代"。此后,可持续发展概念的早期推动者,英国女经济学家芭芭拉·沃德(Barbara Ward,1972)出版的《只有一个地球》(*Only One Earth*)认为维持适当生活水准的人权是发展的"内部界限"(Inner Limits),地球的可持续是发展的"外部界限"(Outer Limits),呼吁人们关注人类可持续发展的外部限制条件。1977 年,肯尼亚女社会活动家旺加里·穆塔·马塔伊(Wangari Muta Maathai)发起并领导了肯尼亚的"绿带运动"(The Green Belt Movement)。当时的肯尼亚正处于政府严格政治压制和男性及父权制的压迫下,妇女不仅缺乏参与政治事务的权利,还要负责养家糊口。在这样的背景下,该运动仍组织起肯尼亚农村地区妇女开展植树,打击森林砍伐,恢复其用于烹饪的主要原料等活动,为处于政治、经济、社会地位底层的群体创造收入并阻止水土流失,对解决肯尼亚因砍伐森林所引起的严重生态环境退化问题产生了重要影响。而马塔伊本人因在"绿带运动"中的重要贡献获得了 2004 年的诺贝尔和平奖。1987 年挪威前首相、世界环境与发展委员会前主席格罗·哈莱姆·布伦特兰(Gro Harlem Brundtland)女士发表了题为《我们共同的未来》(Our Common Future)的报告,正式提出可持续发展(也称永续发展)概念,将可持续发展定义为"一种既能满足我们现今的需求,同时又不损及子孙后代发展需求的发展模式",并提出要对环境和发展问题进行长远规划,人口、资源、环境和发展不可分割,不同社会制度、发展阶段、文化背景和宗教信仰的国家,尤其是发达国家与发展中国家要广泛合作等。这些思想后来都成为 1992 年里约热内卢"可持续发展战略"宣言的基本内容,推动并影响着至今仍在进行的环境问题国际合作。1998 年玛丽·乔伊·布雷顿(Mary Joy Breton)的著作《环境中的女性先锋》(*Women Pioneers for the Environment*)以人物传记的形式对 19 世纪与 20 世纪的 22 位女性如何打破传统角色而成为环保活动的领袖人物进行了记录。

在中国,环保运动中女性的作用同样引人注目。民间环保女活动家廖晓义于1996年发起并成立了北京地球村环境文化中心,致力于公众环保教育,营造大众环境文化,促进中国环境的可持续发展。该中心通过制作影片,撰写推广环保读本,建立环境教育基地,举办环境保护论坛,组织"地球日中国行动""绿色奥运绿色生活""绿天使工程"等民间环保行动,推动政府进行绿色社区理论与实践等一系列行动,广泛传播环保知识,促进公民环境参与意识的提高。

综上,可以看到女性群体在人类环境保护进程中发挥了突出作用,环境研究者们推测是否生理性别(Sex)影响了个体对环境问题的关注程度,以及实施有利于环境保护的行为。如果此推测准确,那生理性别究竟如何影响个体的环境态度与环保行动呢?

进一步研究发现,环境行动的参与与个体的性别社会结构(Gender Social Structure)、性别角色分工(Gender Role Division)、承担的环境风险(Environmental Risk Sharing)之间有密不可分的关系。例如,20世纪70年代的印度喜马拉雅山区,由于受到限制性森林政策与"承包商制度"的影响,出现了掠夺性砍伐现象,大量的树木砍伐破坏了当地的森林,降低了森林覆盖率,山体滑坡与地面塌陷事故频繁发生,当地生态平衡被打破。而在当地居民中,女性是遭受影响最大的群体,如同"绿带运动"中的肯尼亚农村妇女一样,印度山区的妇女是家庭生活中燃料、饲料、饮用水的主要负担者,森林的砍伐与破坏迫使女性要花费更多的时间用于寻找燃料与水源。1974年,当地女性为了阻止承包商对原始森林的乱砍滥伐以保护当地居民赖以生存的生态系统,纷纷组织起来通过以人抱树木的方式阻挡砍伐行为,该运动被称作"抱树运动"(The Chipko Movement)。该运动不仅激励了当地人进行水管理、节能、绿化及循环利用等方面的社会行动,也吸引了学者们对喜马拉雅山区域和整个印度环境退化与环境保护问题的关注。

"抱树运动"在全球范围内展示了环境问题中社会性别关系的影响。事实上,在许多发展中国家的农村,经济社会中存在的性别劳动分工使得妇女成为食品、燃料、饲料、饮用水的主要提供者。联合国发布的《2015

世界妇女:趋势与统计》报告显示,在过去 20 年间,全球范围内大部分地区饮用水的使用实现稳步发展,但在撒哈拉以南非洲及亚洲地区获取干净水资源仍比较困难,而这些地方往往都是女性负责取水工作。联合国驻内罗毕办事处总干事泽威德认为:"气候变化不时导致非洲一些国家出现严重旱灾,水资源和粮食的短缺对女性的伤害尤为严重。在全球最贫困人口中,女性所占比例超过半数。"①但与此同时,在环境问题后果的负担上女性与男性却又是一样的。从碳排放的角度看,不同规模的能源消耗意味着不同的碳排放量,但两性碳排放贡献的差异却不能相应体现在碳排放的结果上。一项基于欧洲四国(德国、瑞典、希腊与挪威)的调查报告(2009)指出,德国与挪威男性在交通方面的能源消耗量是女性的 1.7~1.8 倍,瑞典与希腊的这一比例分别为 2 倍与 4.5 倍,女性在家纺、家具、食品与医药方面的能源消耗略多于男性,但性别差异要小得多。尽管女性的能源消耗和碳排放总体上少于男性,然而在碳排放带来的气候变化导致的后果中,女性与男性的负担是相同的。

因此,概括来讲,影响环境态度与环境行为的更直接原因是与生理性别相关但并不完全由生理个体决定的社会性别(Gender)差异。在环境社会学领域,研究者们通过不同调查地区、不同调查时点、不同调查内容的经验研究,试图总结生理性别影响环境态度与环境行为的路径,提出了社会化理论与社会结构理论两大解释思路,并发展了众多的中介变量以检验理论假设,但比较遗憾的是,在既有研究中仅有少量经验指标得到了较为稳定的支持,大部分中介变量并未得到实证研究的验证。简言之,到目前为止,我们对社会性别与环境关心之间关系的理解仍非常不足,在原有解释思路基础上进一步推进环境关心的研究面临困境。另外,笔者注意到,既有研究中,受限于现有数据的测量方式,男女二分的生理性别特征仍是目前主要的性别测量方式,从社会性别特征角度直接分析环境关心差异的尝试并不多见。鉴于此,本研究的目的(即关注的核心问题)是:生

① 2014 年 6 月 23 日首届联合国环境大会"性别与环境"高级别论坛发言。

理性别的分殊对人们的环境关心水平会产生怎样的影响？如果生理性别的二元分化不足以解释人们的环境关心差异，那么更为精细的社会性别测量能否更大程度上解释环境关心的变异？如果可以，如何进一步理解这种解释力变化背后的形成机制？

本研究的意义在于，一方面，通过对社会性别测量的改进，超越现有的环境关心社会性别差异研究困境，从新的理论及经验路径推进环境关心变异的研究；另一方面，以环境关心研究为个例，通过社会性别与生理性别测量的比较，探索社会性别测量在解释社会现象方面的必要性与价值，倡导定量研究对社会性别测量的关注与重视。

为实现以上研究目的，本书各章节安排如下：

第2章回顾整理环境关心生理性别差异研究的已有文献，发现现有研究中面临的突出困境，然后分析社会性别影响环境关心的可能路径，并在综述社会性别概念与测量方式的基础上，提出本研究社会性别测量改进的方向。

第3章为研究设计，以既有社会性别测量量表为基础，建立社会性别测量指标库，通过德尔菲专家咨询法形成三维度的社会性别测量工具，随后在北京三所高校对大学生群体进行随机抽样调查，在数据清理的基础上形成本书的分析数据。

第4章评价三维度社会性别测量量表的测量质量，采用验证性因子分析与结构方程模型检验三个量表的测量信度与效度。

第5章至第7章分别对社会性别与环境关心三个维度（生态世界观、环境风险认知与环境行为）之间的关系展开分析、讨论，并将社会性别测量结果与生理性别测量结果进行对比。

第8章总结与讨论本研究的主要发现。

第 2 章　文献综述

本章旨在说明环境关心的社会性别差异研究已有的研究基础、已形成的理论解释、面临的研究困境以及可行的解决路径。在梳理国内外环境关心社会性别差异研究文献的基础上,本章试图重点回答以下几个问题:首先,环境关心的社会性别差异研究在环境关心研究中居于什么地位? 与其他相关研究的关系如何? 其次,目前国内外环境关心的社会性别差异研究取得了哪些成果? 我们对这些成果应做何种理解与评价? 再次,从理论层面如何把握社会性别与环境关心的关系? 这种理论关系如何指导进一步的经验研究? 在此基础上,本章还梳理了社会性别概念产生、发展与测量,并对如何借鉴已有的社会性别测量工具来推进环境关心的社会性别差异研究展开了讨论。

2.1　环境关心的定义与主要研究内容

2.1.1　环境关心的定义

环境关心(Environmental Concern,也作“环境意识”“环境态度”“环境信念”)作为一种理解人类与自然之间关系的思想观念已有相当长的历史,但作为一个专门概念,其具体内涵却是过去半个多世纪发展起来的。20 世纪 60 年代以来,随着工业化的深入,环境问题日益凸显,反映公众对环境问题认知及态度的环境关心日益成为环境问题研究中的重要组成部分。以西方国家为主的来自各个领域的研究者从不同视角出发提出了环境关心的各种定义，包括对具体环境问题严重程度的感知与评价，对人类与环境关系的一般看法，对环境保护政策的支持意愿，抑或为保护环境愿意付出的努力程度，等等。邓拉普与琼斯（Dunlap & Jones，2002）指出，研究者们关于环境关心的操作性定义大概有数百种。

为便于环境关心研究之间的对话与知识积累，不少研究者致力于寻求对环境关心的一般性理解。比如，荷兰学者斯格尔斯和内里森（Scheurs & Nelissen，1981）较早对环境关心做出了明确界定，将环境关心理解为关于保护、控制以及干预自然环境和人造环境的观念总体，同时也包括与这项环境相联系的行为准备（转引自 Dunlap & Jones，2002）。在其定义中，环境关心包括了态度、认知、情感、行为倾向等综合内容。艾斯特和范德米尔（Ester & Van der Meer，1982：72）认为，环境关心是指人们对环境问题认识的程度以及致力于解决这些问题的程度。邓拉普和琼斯（Dunlap & Jones，2002：485）对环境关心的定义引用最为广泛，他们认为环境关心即"人们意识到并支持解决涉及生态环境问题的程度，或者为解决这类问题而做出贡献的意愿"。

国内的环境关心（也作环境意识）研究兴起于 20 世纪 80 年代末，研究者在澄清环境关心的概念内涵与操作化定义方面做了大量探索工作。一些学者认为，环境关心指个体对环境及其相关内容具有的态度、意识、心理等主观特征，如将环境关心定义为人们对环境的认识水平与保护环境行为的自觉程度（杨朝飞，1991），或者认为环境关心是人们对环境现象和环境行为能力的反映和认识，包括环境心理和环境思想体系（易先良，1993）。更多学者则认为，环境关心是由多个相互关联的层次构成的综合概念。例如，庄国泰（1991）主张将有利于环境的自然观和价值观、环境科技知识、环境法律政策思想、环境伦理道德及环境心理五个方面都纳入环境关心的概念内涵；再如，姚炎祥（1993）认为环境关心包含人对环境及其相互关系的认识与环境保护两个层次。洪大用（1998）更为系统地阐述了环境关心的内涵及其各部分之间的关系。他提出,环境关心是人们在认知环境状况和了解环保规则的基础上,根据自己的基本价值观念而产生的参与环境保护的自觉性,它最终体现在有利于环境保护的行为上。以此定义为基础,洪大用将环境关心分解为环境知识、基本价值观念、环境保护态度与环境保护行为四个具体维度,并尝试性提出了具体测量指标。

总体而言,环境关心研究得到了来自社会学、生态学、环境科学等各领域研究者的关注,研究者整体上倾向于将环境关心看作一个内容丰富、层次多样、具有系统结构的综合性概念。本研究结合以往学者对环境关心内涵的理解,将环境关心定义为个体持有的环境价值观念、对环境状况的认知水平,以及对环保行为的践行程度。

2.1.2 环境关心研究的主题

过去几十年间,国内外研究者们围绕环境关心展开了大量的研究,积累了相当丰富的研究成果。根据研究主题,这些研究大体上涉及以下几个方面。

一是环境关心的社会基础研究,研究人员关注个体特征对环境关心的影响,确认哪些因素、在何种程度上直接或间接影响环境价值观、环境认知及环境行为的变化。研究发现环境关心受到经济社会人口特征的影响,生理性别、年龄、受教育程度、居住地、种族、社会阶层、政治态度不同的个体,其环境关心水平存在显著差异(Davidson & Freudenburg,1996;洪大用和肖晨阳,2012;Jones & Dunlap,1992;马戎和郭建如,2000)。范李尔和邓拉普(Van Liere & Dunlap,1980)将生理性别、年龄、教育、社会阶层、居住地与政治态度并称为环境关心社会基础研究的"五大假设"。他们基于对相关研究的综述提出,整体上看,生理性别为女性、年轻的、居住在城市地区的、社会阶层较高的、政治"左倾"的公众要比其对立面具有更高的环境关心水平。但也有研究者认为,仅社会人口变量不会对环境关心有很强的解释力,应当加入个体掌握的环境知识、对大众传媒的使用、持有的价值观与信仰等更多变量,以更为精确地把握环境关心的变化规律(Dietz *et al.*,1998)。有研究者提出,除个人层面的变量,应在分析中纳入更多宏观变量,如国内生产总值(GDP)、当地污染程度、地区居民富裕程度、第一产业占 GDP 的比重等(Bechtel *et al.*,2006;洪大用和卢春天,2011),以提高对环境关心变异的解释力。从经验研究的数量来看,环境关心"五大假设"的检验最为常见,而其中社会性别对环境关心的影响研究占据了重要的地位。

二是环境关心变异的机制研究,研究人员试图对环境关心与其影响因素之间的作用机制做出理论阐释。比如对不同居住地居民支持新生态范式程度的考察发现,居住地经济发展水平越高、城市化水平越高的居民,新生态范式支持水平越高,研究人员尝试用后物质主义理论(Post-Materialist Theory)解释这一发现。后物质主义理论认为,当社会富裕起来后,公众从原来的"物质主义价值观"向"后物质主义价值观"的转变促进了其环境关心的提高,使得公众的环境参与或支持增加(Ingleghart,1995)。在环境关心的变异中,表现为经济较为发达、城市化水平较高地区的居民持有后物质主义价值观的比例更高,因而呈现出更高的新生态范式支持度(洪大用和肖晨阳,2012:103)。再比如,大量研究发现女性比男性表现出更高的环境风险感知,且更多地参与私领域的环境友好行为。研究人员分析认为,受社会文化影响,不同生理性别的个体在支持利他主义价值观的程度上存在差异。在大多数社会中,与男性相比,女性往往更高程度、更大比例地接纳利他主义价值观,因此,呈现出比男性更多的环境友好态度与行为(Dietz,Kalof & Stern,2002)。与此类似的发现还有环境知识储备对环境关心的影响等。尽管对环境关心变异机制的解释与检验在既有研究中尚未获得明确的共识,但关于这一方向的探索始终是环境关心研究中的重要部分。

此外,研究人员也关注环境关心内部各个层次之间的作用机制,具体分析生态价值观水平、环境风险认知水平、对环境政策的支持程度等态度变量与环境友好行为参与类型、参与程度等行为变量之间的关系。研究人员基于态度与行为研究的已有基础,建构理论模型,分析个体的环境态度对环境行为的影响程度,环境态度向环境行为转化的条件,以及具体的转化机制。许多获得经验支持的理论模型已发展成为分析不同群体生态价值观、环境认知、风险态度与环境行为之间关系的有力工具,例如,计划行为理论(Theory of Planned Behavior)、负责任的环境行为模式(Model of Responsible Environmental Behavior)、价值—信念—规范理论(Value-Belief-Norm Theory)、ABC 模型[1]等(Ajzen,1991;Dietz,1998;Hines,1987)。

沿着既有研究的脉络,本研究关注的仍然是环境关心可能存在的社会性别差异以及这种差异的解释机制,并将之与环境关心的生理性别差异比较。在此之前,有必要更为详细地单独回顾环境关心的生理性别差异研究。

2.2 环境关心的生理性别差异研究

2.2.1 环境关心的"生理性别假设"

如第 1 章所述,20 世纪 60 年代以来的环境运动实践似乎表明,个体的生理性别特征与其环保行动有密切关系,相应的,在环境关心的经验研究领域,研究人员也格外重视生理意义上的性别与环境关心之间的关系。

早在 20 世纪 70 年代已有研究人员关注生理性别与环境关心的关系,但早期的研究并未得出一致的结论。如麦克艾维(McEvoy,1972)认为,在生理性别意义上,由于男性更有可能在政治方面积极行动,更多关注社区事务,并且比女性有更高的教育水平,因此男性更关心环境问题。而帕西罗和罗伯利(Passino & Lounsbury,1976)却发现男性比女性更关心工作与经济增长,所以与女性相比,男性更少关心环境保护(转引自Van Liere & Dunlap,1980)。沃德根(Widegren,1988)发现,环境关心水平在生理性别之间并不存在显著差异。对 20 世纪 70 年代至 80 年代中

---

① 该模型由瓜纳诺德等(Guagnano,Stern & Dietz,1995)提出,他们认为环境行为(Behavior)是个人环境态度(Attitude)与情景因素(Condition)共同作用的结果。

期 128 项有关环保行为的经验研究的元分析显示,生理性别与环境保护行为之间似乎没有显著的关系(Hines,Hungerford & Tomera,1987)。

但自 20 世纪 90 年代以来,越来越多的经验研究表明,在控制住其他变量的情况下,环境关心具有显著的生理性别差异,女性通常比男性更关心环境,研究人员将这一发现称为环境关心的"生理性别假设"(the Sex Hypothesis)①(Blocker & Eckberg,1997;Davidson & Freudenburg,1996;Mohai,1997;Xiao & Hong,2010)。有研究详细区分了环境关心的不同层次,发现女性不仅更支持新生态范式,而且更多实施私域环境保护行为(Zelezny et al.,2000)。因此,有学者指出女性比男性更为关注环境已成为环境社会学界日益广泛传播的结论(Tindall et al.,2003)。

国内关于生理性别与环境关心关系的经验研究发现,随着时间的推移,新近的研究也呈现出对"生理性别假设"的支持。早期的环境关心研究对生理性别与环境关心的关系并未给予充分关注。21 世纪初以来,得益于大型统计调查的开展及数据资源的开放,环境关心研究的热情得到释放,越来越多的研究人员关注生理性别对环境关心的影响。较早的实证研究发现与国外有所不同,多项研究发现男性具有高于女性的环境关心水平(龚文娟和雷俊,2007;洪大用和肖晨阳,2007;洪大用和卢春天,2011;Shen & Saijo,2007),也有的研究支持在生理性别之间不存在环境关心水平的显著差异(冯麟茜,2010)。但这一趋势在最近的经验研究中有所改变。基于全国性调查数据(如 2010 年中国综合社会调查、2002 年全国城镇家庭调查数据)、部分地区居民及大学生调查数据的分析结果均发现,女性已呈现出高于男性的环境关心水平(李亮和宋璐,2013;王建明、刘志阔和徐加桢,2011;吴建平和刘贤伟,2014;Xiao & Hong,2017;郑敏,2019)。综合来看,植根于西方社会的"生理性别假设"在国内似乎

---

①　英语语境下,早期研究中环境关心的生理性别差异用"sex"测量,其变量取值为"male"与"female",但在 20 世纪 90 年代以后的研究中多改称"gender difference",并试图从个体的"gender"特征中寻找差异形成的理论解释,但实际上,"gender"的变量测量仍沿用"male"与"female"的二元生理性别指标,并未真正实现测量上的转变,因此本研究将其概括为"生理性别假设"。

也得到越来越多的经验支持。

2.2.2　"生理性别假设"的理论解释及困境

针对环境关心的"生理性别假设",研究人员在理论解释方面做了大量探索,提出两条主要的解释思路(Blocker ＆ Eckberg,1997;Davidson ＆ Freudenburg,1996):社会化理论(Socialization Theory)与社会结构理论(Social Structure Theory)。

社会化理论认为,由于生理性别差异,个体在社会化过程中被赋予不同的价值期待,比如竞争、独立、关爱、同情等,在从孩童成长为成年人的过程中个体将这些价值期待逐渐内化,各自形成以生理性别为基础的男性化或女性化价值取向,进而表现在对待环境等外部事物的态度中(Chodorow,1978)。具体来说,大多数社会的主流文化鼓励女性更关注自身与他人的关系,更富有同情心,更愿意承担养育、支持的角色,这些特质同样体现在对待自然环境的态度方面,即对环境的保护性态度和更多的环境关心;与之相对的,男性的社会化导向是养成独立、理性的个体,通过竞争、控制获取外部资源,成为家庭经济支持者,内化以上价值的男性个体倾向于将自然环境对象化与工具化,因此,对环境保护漠不关心。依据社会化理论的思路研究者们提出了众多的检验指标,包括科学/环境知识(Scientific/Environmental Knowledge)、价值取向(Value Orientations)、宗教信仰(Religious Beliefs)、母性品格(Parental Role)、制度信任(Institutional Trust)、健康安全关心(Health and Safety Concerns)、风险感知(Risk Perception)等(Blocker ＆ Eckberg,1997;Dietz et al.,2002;洪大用和肖晨阳,2007;栗晓红,2011;Xiao ＆ McCright,2012)。但对已有研究的梳理发现,仅有健康安全关心、风险感知和环境知识等少数几个指标得到了经验数据较为稳定的支持[①]

---

　　① 这些解释变量是由一系列命题具体支撑的。例如,健康安全关心命题主张,与男性更关注经济收入相比,女性更关注家人的健康、安全,因此对环境变化、环境危害的感知更多,体现出更强的环境关心。风险感知命题则认为,与男性相比,女性对科学技术风险(比如核能)具有更强的敏感性,认为技术的风险更高,因此环境关心程度更高。环境知识命题假设环境知识对环境关心有反向作用,男性比女性拥有更多环境知识,因而比女性更少关心环境带来的风险。

(McCright & Xiao,2014;Zelezny *et al.*, 2000)。

　　社会结构理论则认为,基于生理性别形成的社会结构差异是影响环境关心的主要因素。与男性相比,女性总体上在职业结构及经济收入方面处于被支配的弱势地位,与科学技术相关的高回报职业领域多由男性所控制,女性大多从事与关爱、养育等有关的低回报服务性工作。在家庭结构中,女性被期待以家庭为中心,承担更多家务劳动,更多关注子女的健康与安全。职业与家庭结构中存在的地位、角色、权利的差异,使得女性更容易接纳环保主义的主张,更关心环境。从社会结构思路出发的研究人员也提出了不少经验指标以检验该理论,包括雇佣地位(Employment Status)、经济优先(Economic Salience)、家务角色(Homemaker Status)及父母身份(Parenthood)等。然而有相当多的研究却发现,男性与女性在社会角色/地位方面的差异与其环境关心水平并不显著相关(Davidson & Freudenburg,1996;洪大用和肖晨阳,2007;Luo & Deng,2008;McCright & Xiao,2014;Mohai,1997;Xiao & Hong,2012)。

　　总体上看,研究人员以社会化理论与社会结构理论为视角,通过发展中介变量的方式提出的众多有理论基础的测量指标中,大部分并未获得研究结果的稳定支持,我们对“生理性别假设”的形成机制达成的理解仍非常有限,这使得生理性别与环境关心研究面临突出的理论困境。

2.2.3　经验研究对“生理性别假设”的挑战

　　在国内外环境关心的晚近研究中,研究人员就“生理性别假设”的基本结论取得了一定共识,但在跨时间、跨地域的研究结果比较中,却得到了一些不稳定的发现。

　　第一,“生理性别假设”呈现跨时间的不稳定性。如前所述,早期国外环境关心研究发现,生理性别之间的环境关心差异并不一致,男性高于女性、女性高于男性以及生理性别之间没有显著差异的研究结论都有出现,而20世纪90年代中期以后,研究中才渐渐呈现女性环境关心水平高于男性的相对稳定趋势。同样,我国的环境关心研究发现也有类似的变化轨迹,在最近十年间呈现出女性的环境关心水平高于男性的趋势。按照生理性别测量的特点,男性与女性的区别是先天的、固定的,并不会随着时间的变化而发生改变,那么,生理性别相同的个体,其环境关心水平随时间变化而改变的原因为何? 这一现实状况似乎无法由单纯的生理性别特征做出解释。

第二,"生理性别假设"呈现跨地域的结论反转。21 世纪初,中国的全国性或地方性调查数据分析结果显示,男性比女性表现出更高的环境关心水平,或生理性别之间不存在环境关心水平的显著差异(例如冯麟茜,2010;龚文娟和雷俊,2007;洪大用和肖晨阳,2007,2014;栗晓红,2011;Shen & Saijo,2007;周旗等,2017),这一结论完全颠覆了当时国外(特别是北美)研究中的"生理性别假设"。研究人员推测其原因可能在于不同地域的社会文化差异,比如中国文化中"男主外、女主内"的传统、集体本位的社会组织形式等(洪大用和肖晨阳,2007)。另外,亨特等人(Hunter et al.,2004)基于 1993 年的国际社会调查项目(International Social Survey Programme,ISSP)数据对 22 个国家的研究发现,女性比男性更多参与私域环境行为的特征在西班牙、波兰等 8 个国家中并不显著,"生理性别假设"并不具有普遍适用性。研究人员认为私域环境行为的生理性别差异受到国家经济发展与财富分配状况的调节,在较为富裕的地区,女性比男性从事更多私域环境行为,而在大部分不太富裕的地区,男性与女性都出现高度参与私域环境行为。

以上研究发现表明,在经验层面,"生理性别假设"呈现跨时空的不稳定、不连续的状态,研究人员对此要么未能给出合理的解释,要么从生理性别与其他变量关系的角度做出推测,无法真正实现对环境关心变异的理解。整体来看,现有二元固定的生理性别测量方式难以完整说明生理性别与环境关心的关系,难以准确阐释生理性别对环境关心的影响路径,因此,亟须对"生理性别假设"面临的困境做出反思。

2.2.4　反思：从"生理性别"到"社会性别"

鉴于当前环境关心"生理性别假设"的理论困境与现实挑战，笔者认为有必要对生理性别与环境关心的关系进行深入反思。

首先，生理性别本身不具有社会学意义，所谓"生理性别假设"实际上反映的是环境关心的"社会性别"差异。梳理社会化理论与社会结构理论的解释路径与经验指标发现，两条路径都以同一个潜在预设为基础，即生理性别之间存在社会性别差异。社会化理论认为个体以生理性别为基础，形成不同的价值倾向、知识水平等社会性别特征，从而影响其环境关心水平；社会结构理论则强调生理性别对个体的身份、地位、角色、权利等各方面社会结构特征带来影响，进一步决定个体如何看待环境及对环境问题做出行动。两条理论路径中提出的中介变量既受到生理性别的影响，又不完全由生理性别所决定，它会由于时间、空间的变化而发生改变，其特征具有社会性。因此，我们认为固定不变的生理性别并非社会学意义上的变量，"生理性别假设"的实质是与生理性别相关但又不完全一致的社会性别特征对环境关心的影响。事实上，有的环境社会学者已经敏锐地意识到了这一问题的实质根源，建议使用单维度或多维度的性别认同指标，以连续统的方式测量社会性别，推进现有的环境关心研究（Xiao & McCright，2012）。

其次，如果我们承认生理性别是社会性别的一种间接测量，那么"生理性别假设"面临的诸多挑战或许源于简单的二元生理性别测量所无法捕捉的社会性别差异。从测量角度看，社会性别是精细的、流变的，其测量理应是复杂且多元的。但实际上，生理性别却是简单的、固定的，其测量形式是单一的。对于复杂、多元的社会性别差异，简单、二元的生理性别可以捕捉到其中一部分，但并不能捕捉到社会性别的全部内涵，因此形成了目前环境关心生理性别差异研究的理论及现实困境。

事实上，在性别研究领域，研究人员早已对生理性别测量缺陷进行了深刻反思，并开发了大量更为精细的社会性别测量工具取代生理二元测量,并用以解释各类社会现象。比如,有研究人员使用对女性的态度量表(Attitude Towards Women Scale,AWS 量表)[①]等测量美国印度裔移民的性别角色态度与种族传统文化认同之间的关系,解释社会性别特征对种族认同的影响(Dasgupta,1998);再如,有研究人员采用国际社会调查项目数据中对性别角色态度的测量结果,分析其对已婚个体收入的影响,发现现代性别角色态度与收入之间呈正相关关系,无论男性还是女性,工作时长越长的个体,收入受性别角色态度影响越大(Stickney & Konrad,2007);还有研究人员使用性别角色平等量表(Sex-Role Egalitarianism Scale,SRES 量表)[②]测量大学生的性别平等态度对亲密伴侣侵犯行为的影响,发现性别平等态度对亲密伴侣的攻击行为具有显著影响(Fitz-patrick *et al*.,2004)……这些研究提示我们,生理性别无法全面把握个体的社会性别差异,已有的社会性别测量早已超出二元生理性别的方式,这为我们更精确地把握"社会性别"特征的本质,进而更精细地分析和解释社会现象提供了重要启示。因此,对于突破目前环境关心"生理性别假设"面临的困境,笔者认为引入更精细、更多元的社会性别测量工具是一条具有探索价值的研究路径。

2.3 "图式关联":社会性别如何影响环境关心?

"图式"(Schema)一词来源于古希腊,意思是图(Figure)。图式概念最早应用于认知心理学,1932 年弗雷德里克·巴特利特(Frederic Bart-lett)使其在心理学与教育学得到推广。与其表达相近意思的概念有框架(Frame)、方案(Plan)、脚本(Script)等。图式被看作"认知的构件"(the

---

① AWS 量表由斯彭斯等(Spence,Helmreich & Stapp,1973)设计,测量个体对女性权利、女性角色及女性责任的态度,得分越高,代表性别角色态度越现代、越开放;得分越低,代表性别角色态度越传统、越保守。

② SRES 量表由贝尔等(Beere *et al*.,1984)提出,包含婚姻角色、父母角色、职业角色、人际角色与同性恋以及教育角色五个维度,每个维度由 19 个项目构成,测量个体在社会角色平等方面的态度。

Building Blocks of Cognition)（Rumelhart，1980），指构成人们心理框架或认知结构的知识网络。它负责组织各种信息以及处理信息之间的关系（DiMaggio，1997）。20 世纪 80 年代以来，认知心理学、脑神经科学及人工智能的发展，使得图式理论及其工作机制得到新的发展与深化。研究人员发现，人们大脑中知识的存储遵循领域依赖路径（Hirschfeld & Gelman，1994），当个体获得知识时，会按不同经验领域将信息分解，分类存储在某种结构中，形成关于某一类知识的图式。当新知识被感知时，或者被编码整合到已有的图式中，或者修正原有的相关图式，形成新的图式。因此，图式会随着时间的推移而扩展和变化。从图式内容看，图式"可以代表所有层次的知识——从意识形态和文化真理到关于某一特定单词含义的知识……图式代表我们经验的所有抽象层次"（Rumelhart，1980）。其存储形式是"图式—子图式"的嵌套等级结构。

　　沿用对图式概念的理解，本研究认为社会性别图式指个体的社会性别相关知识的组织形式，是关于社会性别的心理框架和认知结构。1981年，著名社会心理学家桑德拉·贝姆（Sandra Bem）提出了性别图式（Gender Schema）理论①，用来解释个人如何在社会化中形成自己的性别类型，以及与性别相关的特征是如何被保持并传递给文化中的其他成员的。贝姆认为，性别图式是一个与性别相关的认知建构过程，孩童学习将自己的性别与社会关于性别的知识相联系，选择适合于自己那一性别的内容，形成自己的性别图式。她发现人们在持有这些性别图式的程度上存在个体差异，这些差异通过个人的性别类型化程度表现出来（Bem，1981）。贝姆认为通过性别图式的建构过程，个体形成性别化的、跨性别化的、双性化的与未分化的四种不同的性别类型，并通过先前提出的性别角色特征量表检验了该理论。性别图式理论讨论了社会性别的社会形成过程，在一定程度上挑战了生理性别的二元划分。近年来，社会性别的概念内涵不断丰富，加入了社会性别平等、社会性别制度等内容（Flax，

---

　　① 尽管从英文表述来看贝姆采用了"gender"一词，但在中文语境中"gender schema"被译作"性别图式"。

1987；Haig & David，2004；Rubin，1988）。因此，本研究在对贝姆的"性别图式"理论进行扩展的基础上提出"社会性别图式"概念，社会性别图式指个体对所有社会性别相关知识形成的认知结构、思维框架和行为模式，其横向可以划分为不同的社会性别内容维度，各内容维度内部又包含从认知、观念到行为的纵向结构。

环境关心图式（Environmental Concern Schema），有学者称为环境图式（Environmental Schema）（Contrill，1993），指个体针对环境及其相关内容形成的认知框架与态度倾向，是一种关于环境的"知识结构"（Somma，1997）。坎特欧（Contrill，1993）认为环境关心图式能够让人们理解与生态环境有关的术语和短语，并影响个体对待环境的方式。他通过开放编码的方式确认环境关心图式包含六种与"环境"相关的表述，包括以生物为中心的关系、有形的自然环境的质量、一般物理空间的状况、生活方式及政治等社会因素、个体认知特征及个体进行的与环境相关的活动，其中以生物为中心的关系是环境关心图式的核心内容。其研究证实个体对各个环境术语的反应与环境关心图式的整合程度之间存在显著相关，说明环境关心图式有内在的统一结构（Contrill，1993）。在环境社会学研究领域，大部分研究者支持个体对待环境的态度是复杂而综合的，不少经验研究验证了环境态度的多维性（Hamilton，1992；Klineberg，Mc-Keever & Rothenbach，1998；Milfont & Duckitt，2004）。肖晨阳与邓拉普（Xiao & Dunlap，2007）明确提出个体的环境关心是一个多面向的信念体系（Belief System），其各个面向之间受到信念体系约束从而呈现某种程度的一致性，该观点在针对北美及我国的研究中得到了不同程度的支持。

"图式关联"（Schematic Connection）指在个体认知结构中，不同领域的图式之间具有内在的连贯性。图式关联的经验研究多见于政治心理学对政治行为的研究。研究人员发现人们构建他们的政治取向（或者说在政治问题上的立场）时，不仅根据该问题在简单的左右连续统之间的位置，而更多根据"问题启发式"（Problem Heuristic）的"推理链"（Reasoning Chains)(Sniderman *et al.*,1991:71)。研究人员发现,这些问题可能产生于一般的意识形态取向,也可能由其他概念框架所引发(Somma,1997)。比如科诺沃与弗尔德曼(Conover & Feldman,1986)在研究政治图式(Political Schema)与选举行为之间的关系时,描述了被调查者对自身立场、党派立场的认知和对候选人意识形态立场认知的系数,以表示选民从自我、党派和候选人各种图式中进行推理的程度。分析结果表明个体在不同图式之间的整合程度是其选举行为的重要预测变量。再比如刘(Lau,1986)分析群体、政党、议题和候选人图式对个人政治态度的影响,莱因哈特(Rinehart,1992)基于性别社会化与政治社会化分析群体认同与政策取向的关系,卡斯塔诺等(Castano *et al.*, 2015)分析国家形象图式与个人对外交政策的感知之间的关系,研究结果发现,在个体不同领域的认知图式之间或者相同领域的不同层次认知图式之间都存在一定程度的连贯性。斯奈德曼等(Sniderman *et al.*,1991:26)认为,"……认知结构的复杂性表现为两种相关但可区分的方式:分化程度和整合程度。分化程度指的是个体在解释事件或做出选择时考虑到的不同的判断维度的数量,整合程度指的是不同的观念领域之间的相互联系的概念数量。"索马等(Somma & Tolleson-Rinehart,1997)分析了女性主义与环境主义之间的关系,发现个体的女性主义态度影响其环境主义态度或使其环境主义态度结构化。以上研究表明,尽管不同个体的认知图式存在分化与整合程度的差异,但人们对不同领域形成的认知图式之间存在某种一致性,个体倾向于遵循一个从已有知识到新信息的推理吸收过程。上述研究启示我们,"图式关联"在个体认知结构中广泛存在,这种关联既体现在个体对不同领域的认知图式之间,也体现在个体对相同领域的不同层次的图式之间,即图式与图式之间、图式与子图式之间、子图式与子图式之间,并且这种关系呈现了跨时间的稳定性。

　　本研究认为,社会性别图式与环境关心图式之间也可能存在图式关联,且这种关联是有据可循的。第一,20 世纪 60 年代中后期兴起的新社会运动成为两种图式内涵拓展的共同社会背景,资本主义后工业化社会的时代特征使两者具有了现实同源性。新社会运动起源于第二次世界大战后的欧美资本主义国家,社会经济高速发展,但冷战、核能开发、不计生态后果的追求经济发展、妇女压迫、有色人种与少数民族压迫、资本主义经济关系的扩张等一系列新的矛盾和冲突产生。人们对生态、女性、和平等议题的关注空前高涨,以反核运动、和平运动、生态运动、妇女权利、动物权利、同性恋权利、反种族主义以及反全球化等为目标的社会运动兴起,其中生态运动与女权运动是最成熟、最主要的两大运动形态(Lawrence Wilde,1994)。新社会运动的范围、主体、诉求、方式具有多样性与差异性,但其主要原因在于反对资本主义生产关系过度增长,资本权力入侵个人生活与社会生活。这一根本问题突出体现在人类与生态环境的关系中,以及以经济增长为目标所建立的性别关系中。随着人们对这两种关系的反思,一方面,反对"人类中心主义",强调以生态为中心、追求人类发展与生态平衡的现代环保主义思想得到广泛传播与支持,个体的环境认知图式得到扩展。另一方面,反对以父权制为基础的性别社会分工,主张性别平权、重视女性经验等一系列女性主义思潮得到了广泛的社会响应,催生了新的社会性别图式出现。

英格尔哈特(Inleghart,1995)提出的后物质主义理论认为,随着现代社会物质生产的极大发展,人们的价值观念会从"物质主义价值观"转向"后物质主义价值观",更倾向于支持民主、平等、多元的价值观念,这一转向体现在社会生活的各个方面,其中包括女权运动与环境运动的兴起。后物质主义转型理论被广泛援引来解释新社会运动兴起的社会经济条件。虽然后物质主义转型理论在解释发展中国家出现的环保运动方面受到了限制,但笔者认为,该理论从特定角度较为精炼地概括了一种群体层面的社会事实,尽管生态运动在经济欠发达的亚洲、非洲存在,但不可否认生态运动与女权运动的先锋阵地正是经济发达的欧美国家。后物质主义转型理论整体上有助于我们从经济角度理解社会性别与环境关心之间具有的共同社会基础。

第二,关注人与自然关系的环境关心图式和关注人与人关系的社会性别图式具有共同的发展趋向,即平等主义价值观。卡顿与邓拉普(Catton & Dunlap,1978)曾明确区分人类与环境关系的两种价值范式:"人类例外范式"(Human Exceptionalism Paradigm)与"新环境范式"(New Environmental Paradigm)。"人类例外范式"的价值基础是人类中心主义,认为人类是高于其他动物的独特主体,人类可以通过经济发展与技术进步解决环境问题。而"新环境范式"以生态中心主义为价值基础,强调环境因素对人类社会的影响与制约,支持人类与其他物种之间的平等关系,主张关注各物种之间的相互依存性。随着环境问题日益凸显,"新环境范式"所倡导的生态中心主义价值观已成为国际合作、国内发展的核心话题,强调平等价值观的环境关心图式成为当代社会发展的主要方向。社会性别(Gender)作为区别于生理性别(Sex)的概念被引入社会科学领域,成为女性主义运动及研究中性别反思的核心工具。社会性别理论的主要奠基者斯托勒(Stoller,2000)明确提出:"作为社会性别性征的那些方面主要是文化决定的,也即后天习得的。"因此,社会性别概念本身体现了文化论述、社会规范等对社会性别差异的建构,其背后揭示的是生物本质主义(Biological Essentialism)、社会性别对立(Gender Polarization)以及男性中心主义(Androcentrism)等社会文化、社会制度中存在的社会性别压迫(Bem,1977)。后现代研究者更进一步,提出了"立场论"(Standpoint Theory)与"情境化"(Situatedness)的社会性别概念(吴小英,2005),解构了社会性别中的固定、等级,甚至差异要素。可见,强调社会性别建构特征的社会性别图式反对本质主义、对立、等级制的社会性别关系,支持社会性别的非固定、多元、平等特征。

起源于20世纪70年代的生态女性主义(Ecofemininism)思想较为系统地阐述了环境关心图式与社会性别图式之间可能的关联。生态女性主义认为,环境问题的出现与社会性别之间的压迫来源于同一个价值基础,即二元论。人类与环境、自然与文化、男性与女性之间的关系都以二元论价值为基础,改善环境退化与社会性别不平等的根本路径是必须转变二元对立的等级制价值基础,建立多元、平等的价值体系。尽管生态女性主义由于其生理性别本质主义立场受到较多指责,但其提出两类问题的解决路径对我们理解环境与社会性别关系的发展具有重要意义。

此外,已有研究关注到了图式关联在社会性别与环境关系解释中的有效性。索马(Somma,1997)采用相关分析与回归分析的方法对欧洲晴雨表、1992 年美国国家选举研究以及 1990 至 1993 年的世界观调查数据进行分析,研究结论否定了生理性别对环保主义态度的影响,发现无论在男性还是女性中,女性主义倾向与对环保主义的支持之间存在普遍的相关性,研究人员认为女性主义与环保主义两种图式之间的关联是这一结论的根本原因。但遗憾的是,由于作者选用的调查数据中仅包含较少的测量题目,变量测量的有效性未能得到验证,研究中也未对图式关联产生的机制进行分析。

综上所述,无论是图式研究的经验发现,还是社会性别与环境关心的现实及理论背景,以及基于已有调查数据的探索性分析,似乎都在一致提示我们:社会性别与环境关心之间的关系具有图式关联的倾向,尽管个体之间的社会性别图式与环境关心图式水平不同,但个体自身不同维度的社会性别图式与环境关心图式的不同层次之间可能存在既有差异又连贯的相关关系,有待更为深入的专门经验研究予以阐释。

2.4 社会性别概念的发展与测量

2.4.1 社会性别概念的提出与发展

生理性别概念以个体的生物学特征为基础,以呈现男、女两性在生理结构与解剖结构方面的差别为目标。这种划分的主要目的在于说明生理性别差异是无需说明的"自然"现象,是本质的、固定的和二元对立的(王政,1997)。社会性别概念的出现正是对性别的所谓"自然"属性反思的结果。社会性别于 20 世纪 50 年代被医学心理学教授约翰·芒尼(John Money)引入社会科学研究领域,旨在描述在外观上看起来是男性或者女性,但是在性器官上却天生不清晰因而无法实践其生理性别本应代表之"性别角色"的那些人（Haig & David，2004）。20 世纪 60 年代开始第二波女权主义运动将"基于社会建构差异"的社会性别意涵作为理论依据，反思生理性别差异的"真相"。研究人员指出社会性别指"符合性别刻板印象的行为和选择"（Haig & David，2004）。此外，社会性别有其"社会不平等关系"的一面，社会性别差异"不是一个简单的中性事实"，而是作为一种统治关系而存在（Flax，1987）。正如斯科特（1988：157－158）所说，它是一个强加于具有生物性别特征的身体之上的社会范畴。性/社会性别制度是其表现形式（Rubin，1988）。之后，后现代女性主义研究人员提出的"立场论"与"情境论"更是直接实现了对社会性别概念的解构。

通过以上的简要归纳可知，在当代性别研究与性别实践语境中，关于社会性别概念的理解虽然尚未形成共识，但其在持续发展过程中获得了丰富的内涵，一方面否定了性别的生物决定论观点，强调社会文化、社会制度的建构作用，另一方面超越了男女对立的二元论观点，强调性别的多元化与流变性。据此笔者提出本研究对社会性别的定义，社会性别指不由生理特征所决定的，在特定的生产和生活实践中形成的一套相对稳定的社会关系模式。它既包括人们对男女差异的意义建构，也包括这种意义建构所产生的后果。

2.4.2 社会性别的测量

社会性别概念的发展伴随着测量方式的创新，越来越多的定量研究人员在反思传统生理性别测量方式缺陷的基础上，提出了众多社会性别测量工具。根据贝尔（Beere，1990）的统计，早在 1990 年关于社会性别角色与社会性别态度的测量工具就有 144 种，其中 67 种在 1978 至 1990 年间持续使用。笔者对现有研究中常用的社会性别测量工具进行梳理，根据其理论基础与测量内容分类，整理出三大类社会性别测量工具，分别是性别角色观念、性别平等态度与性别气质呈现。由于社会性别量表测量工具众多，以下从三类量表中各选择一个应用广泛的量表简要介绍。

（1）性别角色特征量表（Bem Sex Role Inventory Scale，BSRI 量表）

性别角色特征量表实际测量了个体经由社会化形成的性别气质水平。BSRI 量表由桑德拉·贝姆（Sandra Bem，1974）基于双性化理论所开发，是迄今为止应用最为广泛的性别气质测量量表之一。早期的性别角色理论基于男女两性生物差异，认为个体的生理男性特征与生理女性特征是对立的关系，个体具有的性别气质特征是单维的，即或者为女性气质特征，或者为男性气质特征，并且认为性别气质特征越符合自身的生物性别越健康。康斯坦丁诺普尔（Constantinople，1973）提出了对个体的单极化性别特征的质疑，提出了双性化理论，认为个体可以同时具有男性气质特征和女性气质特征，并且同时具有男性气质特征与女性气质特征的个体在社会适应、职业发展及人际关系等方面具有更多优势。贝姆正是在此基础上提出了 BSRI 量表。

BSRI 量表的最初版本由 60 个描述性别特征的形容词构成，共包括三个维度：男性特征、女性特征和中性化特征。其中，每项特征涉及 20 个形容词，要求根据形容词所描述的特征，按照 1（从来不是或者几乎从来不是）到 7（几乎是或者几乎完全是）的级别回答。根据个体在三个维度上的得分可以将其划分为 4 种性别气质类型，即男性气质、女性气质、双性气质及性别未分化。此后，贝姆（Bem，1981）在原量表的基础上又开发了简版 BSRI 量表，一共只保留了 30 个形容词，极大地缩减了量表篇幅。BSRI 量表自提出至今一直是性别气质特征研究中最常使用的测量工具，也是与其他测量工具比较的效标。不同国家与地区的大量研究对 BSRI 量表进行信/效度检验，证实了其有较高的信/效度（Holt & Ellis，1998；Ward & Sethi，1986），但也有特定地区的研究发现需要对条目进行删减以提高其信/效度（Ballard & Elton，1992；Katsurada & Sugihara，1999；Zhang，Norvilitis & Jin，2001）。BSRI 量表在我国应用广泛，大量研究应用原表进行性别气质测量，也有研究者调整原有条目，提出更适合我国特定人群的版本。例如，卢琴与苏彦捷（2003）提出了 14 项男性条目、12 项女性条目的中国版 BSRI 简表，钱铭怡等（2000）对原量表修订后发展出了针对大学生的性别角色量表 CSRI。BSRI 量表得到研究人员广泛肯定的同时,也受到一些批评,比如量表中主要是正性形容词,受社会赞许性影响较大;量表维度涉及的性别角色内容不够全面等(杨雪燕和李树茁,2006)。

（2）对女性的态度量表(Attitudes Toward Women Scale,AWS 量表)

用于测量个体性别平等态度的 AWS 量表是当前研究中另一个应用广泛的社会性别测量工具。20 世纪 70 年代初,美国妇女运动持续高涨,激发了人们对社会性别心理学的研究兴趣,在此背景下,斯彭斯等(Spence & Helmreich,1972)提出了 AWS 量表。据比尔(Beere,1990)的统计,1978 至 1990 年间运用此量表的研究超过 300 个。最初的 AWS 量表包含 55 个项目,1973 年简化为 15 个项目,另有一个青少年版本(Spence,Helmreich & Stapp,1973;Spence & Helmreich,1978)。

该量表包括三个维度,即对于女性权利的态度、对于女性角色的态度以及对于女性责任的态度。其要求个体为每个项目赋值("非常不同意""比较不同意""比较同意"和"非常同意"分别赋值为 1~4 分),同一维度的项目平均分即为此维度得分。得分越高,代表了对女性持有更自由、更开放的态度;得分越低,代表了对女性持有更传统、更保守的态度。该量表的优势在于可以进行跨时间、跨文化以及跨人群的比较分析(Spence & Hahn,1997;Twenge,1997)。但同时有不少研究发现该量表存在"天花板效应"(Ceiling Effect),即在更自由更开放的女性主义一端的区分度不够理想(Beere,1990;Fassinger,1994);有研究认为它在维度方面不够全面,且容易受社会期望的影响(Jean & Reynolds,1984;Larsen & Long,1988);其量表内容更倾向于测量个体对平权的态度,忽略了对于女性的情感态度方面的度量(Egaly & Mladinic,1989);有研究认为量表只适用于某些特殊群体的测量,如女性主义者、职业妇女以及家庭主妇(Glick & Fiske,1997)。

（3）性别角色意识量表(Sex Role Ideology Scale,SRIS 量表)

测量性别角色态度的 SRIS 量表由卡林和蒂尔比（Kalin & Tilby, 1978）提出,它构建了一个社会性别角色的连续概念。SRIS 量表将社会性别定义为以传统性别意识与女性主义性别意识为两端的连续统。在传统性别意识的一端,认为男性和女性之间存在根本区别,女性是脆弱的、易受伤害的被保护者,男性是积极的、有威信的保护者;在女性主义的一端,认为生理性别之间的差异主要是由社会决定的,男性与女性之间本质上是相同的。SRIS 量表由 30 项陈述组成,其中 15 项是传统性别意识方向,比如:由于女性形象会影响人们对其丈夫的评价,因此女性应该注意自己的形象;只有成为母亲,女性才能成为完整的女人等。15 项是女性主义性别意识方向,如女性的工作与男性的工作在本质上无差别,婚姻对女性职业生涯的影响并不比对男性职业生涯的影响多等。最初设计的具体内容涵盖了五个维度:男女的工作角色（6 个项目）,男女的父母责任（5 个项目）,男女的个人关系、友情、求偶及性（7 个项目）,女性的特殊角色及基本视角（8 个项目）,母职、堕胎与同性恋等（4 个项目）。后来出现了 18 个项目（Cota & Xinaris, 1993）和 14 个项目（Neto, 1998）的 SRIS 量表简表。该量表的测量要求个体对每个项目赋分,分值为 1~7 分,分值越低,越倾向于传统的性别角色,分值越高,越倾向于女性主义性别角色。

SRIS 量表具有较高的信/效度水平,在大量经验调查中获得了证实。该量表最初起源于加拿大,后在爱尔兰和英格兰测试（Kalin, Heusser & Edwards, 1982）。在不同对象之间（包括女性主义者、持传统性别观念者与大学生等）进行比较分析,量表得分与社会人口变量及心理特征之间的相关性研究,以及大量的跨文化研究表明,量表能够稳定、有效测量个体的性别角色观念（Kalin & Tilby, 1978; Kalin, Heusser & Edwards, 1982; Williams & Best, 1990）。也有研究人员认为量表对性别角色意识的理论定义不够明确,女性主义意识与传统角色意识是两个不同的维度,不能沿着单一的连续统衡量,改用两个单独的分数标识个体可能取得更好的测量效果（Moli, Badger & Coggins, 1983）。

表 2—1 是笔者对已搜集整理的社会性别测量工具做的分类汇总,部

分量表由于内容涵盖多个方面,因此在多个类别中都有出现。此外,也有部分社会性别的测量工具只包含较少的题目,且没有形成明确的操作化结构,因此未列入表中,如中国综合社会调查(CGSS)中关于社会性别的测量。

表 2—1　　　　　　　　　社会性别测量工具分类汇总表

社会性别	社会性别测量工具
性别角色观念	性别角色行为量表 SRBS(Orlofsky Ramsden & Cohen,1982) 性别角色意识量表 SRIS(Kalin & Tilby,1978) 中国妇女地位调查量表 美国综合社会调查(GSS)性别角色量表 世界观调查(WVS) 国际社会调查(ISSP)
性别平等态度	性别角色平等态度量表 SRES(Beere & King et al.,1984) 对女性的态度量表 AWS(Spence & Helmreich,1972) 美国综合社会调查(GSS)性别平权量表 中国妇女地位调查量表 社会性别意识量表 GIS(杨雪燕和李树苗,2008) 世界观调查(WVS)
性别气质呈现	BSRI(Bem,1974) PAQ(Spence & Helmreich,1978)

另外,关于社会性别的测量还存在一种需要特别说明的测量方式。黄盈盈和潘绥铭(2013)在 2010 年对 14~17 岁全国总人口进行的随机抽样调查中,生理性别变量的选项设计中除男性与女性,增加了"跨性别及其他"的第三选项,并对性取向进行了连续测量,在一定程度上推进了社会性别测量在定量研究中的应用。

综合来看,由于女性主义与性别研究的丰富性与多样性,社会性别的测量也呈现复杂多样的特点,发展至今仍然无法形成关于社会性别概念内涵及测量方式的共识。但研究人员对社会性别测量如何超越生理二元方式展开的反思,以及从不同理论视角出发的探索,为我们更充分地理解社会性别差异的不同面向,以及更深入地从社会性别角度理解和解释社会现象创造了可能,也为我们研究环境关心的社会性别差异提供了重要启示。本研究拟在梳理现有社会性别测量量表的基础上，建构可靠、有效的多维度社会性别测量量表，以更精细、更准确地测量个体的社会性别差异，从而推进对于环境关心社会性别差异的理解。

2.4.3　社会性别测量的改进方案

基于对社会性别测量工具的梳理，本研究拟从以下两个方向推进环境关心研究的社会性别测量。

第一，对社会性别采取光谱式测量，社会性别各维度特征以连续取值标示。社会性别概念的发展已经揭示了性别的非二元性，在生理性别内部与生理性别之间均存在明显的社会性别特征差异，这一差异并不能由生理二元的固定区分完全把握，因此，社会性别测量应提高变量测量层次，以连续取值标示其特征。

第二，将现有量表关注的主要维度纳入社会性别测量结构，具体包括性别角色观念、性别平等态度与性别气质呈现三个维度。现有社会性别测量工具可分为如下三类：一是以性别角色观念为测量目标，主要关注个体以性别分工为基础形成的社会性别角色认同；二是以性别平等态度为测量目标，主要关注个体对由社会结构形塑的社会性别关系的态度；三是以性别气质呈现为测量目标，主要关注个体的社会化结果在性别气质方面的表现。

本章在回顾相关文献的基础上，得出了以下几点重要发现。首先，现有文献都倾向于支持环境关心是具有多层次内容的综合概念，环境关心的社会性别差异研究是环境关心社会基础研究的重要组成部分。其次，现有的环境关心研究支持社会性别对环境关心变异具有显著影响，但已有的经验研究仍延续二元的生理性别测量方式，且对于晚近研究中越来越得到支持的"生理性别假设"无法给出有效的解释，研究的进一步推进陷入了困境。因此，笔者认为是简单二元的生理性别测量带来了环境关心社会性别差异研究的困境。再次，从理论层面看，社会性别与环境关心之间的关系，是社会性别图示与环境关心图式两者之间的关联，具体来讲指个体认知结构中,关于社会性别的知识结构与关于环境问题的知识结构之间具有某种连贯性,支持社会性别多元、平等的社会性别图示与支持环保主义的环境图示之间具有现实同源性与理论同向性。图示关联提示我们应进行连续、多元的社会性别测量来推进环境关心的社会性别差异研究。最后,在梳理社会性别概念发展与测量的基础上,提出了两个改进社会性别测量的具体路径,将在接下来的分析中具体呈现。

第 3 章 研究设计

3.1 核心变量测量、数据获取与分析策略

如上一章所述,本研究拟超越生理二元性别测量,遵循图式关联的视角,关注社会性别的建构性特征,提出多维度、连续取值的社会性别测量工具,推进环境关心的社会性别研究。因此,本研究的核心变量为环境关心与社会性别,以下详细介绍两变量的测量及分析策略。

3.1.1 环境关心的测量

现代环境关心研究最早出现在西方国家,其大量研究实践也主要以西方社会所面临的环境状况为基础。回溯环境关心的测量,发现其存在测量工具多样、测量层次多元的特点。如同对环境关心的定义一样,不同研究人员基于对环境关心的不同理解,从各自的研究视角提出环境关心的测量工具。在描述并解释环境关心水平及变化趋势的过程中,研究人员先后提出了"生态态度和知识量表"(Ecological Attitudes and Knowledge Scale)(1973)、"水关心量表"(Water Concern Scale)(1974)、"环境关心量表"(Environmental Concern Scale, ECS)(1978)、"新环境范式量表"(New Environmental Paradigm Scale)(1978)、"新生态范式量表"

(New Ecological Paradigm Scale)①(2000)等众多测量工具,围绕着量表的信/效度情况、适用对象、存在的局限等进行了大量的研究。不同量表的应用情况各异,有的量表测量内容聚焦在环境关心的一般层面,并随着经济社会发展及环境问题的变化不断修订,应用越来越广泛,逐渐成为环境关心国际比较的重要工具,如"新生态范式量表"。有的量表关注特定区域、特定类型的具体环境问题,较难普遍应用,因而随着社会经济的变迁不再具有适用性,如"环境关心量表"在 20 世纪 90 年代已经很少有人再使用了(Dunlap & Jones,2002:510)。

此外,环境关心的测量层次多元。尽管研究人员对环境关心的概念有不同的理解,但大部分研究人员都倾向于接受环境关心不是单一指标概念,应从多个不同的面向测量。例如,早期著名的以态度理论为基础提出环境关心测量的马龙与沃德(Maloney & Ward,1973)认为环境关心应包含知识(Knowledge)、情感(Affect)、口头承诺(Verbal Commitment)与实际行为(Actual Behavior)。许多研究人员采用验证性因子分析(Confirmatory Factor Analysis)检验环境关心的维度(Guber,1996;Carman,1998 等)。综合环境关心的经验研究实践发现,环境关心至少包含以下三个方面:对待环境的一般价值观、对环境问题/风险的认知和自我报告的环境友好行为。本研究拟遵循以上结构对环境关心进行经验测量,具体包括生态世界观、环境风险感知与环境(友好)行为三个层次。生态世界观指人们对于人与自然关系的一种理解,其中生态中心主义(Ecocentrism)世界观是环境关心在一般价值观层面的体现。环境风险认知表示个体对人类活动导致环境变化的心理感受程度与认识,其认知水平越高,表示具有越强的环境关心。环境(友好)行为是环境关心的外显指标,用于指征个体实际做出有利于环境的行为的程度。三个层次的具体测量指标将在第 5～7 章详细介绍。

---

① 新生态范式量表由邓拉普等(Dunlap *et al.*,2002)在新环境方式量表的基础上修订形成。

3.1.2　社会性别的测量

在借鉴现有社会性别测量文献的基础上,采用德尔菲专家咨询法建构社会性别测量量表是本研究对自变量的操作化方式。一方面,梳理现有社会性别测量量表发现,研究人员支持性别的社会建构性特征,但对于社会性别的测量方式仍存在不少分歧,不同研究人员对现有社会性别测量量表提出了不同的质疑,认为其在测量方面存在这样或那样的限制。因此,目前尚不能找到获得大多数研究人员支持的社会性别测量量表。另一方面,本研究的主要目标是通过建构社会性别测量方式实现对环境关心社会性别差异的进一步理解,笔者更关心个体所呈现出的与环境关心相关的社会性别特征,因此,希望社会性别量表的测量能对环境关心研究中发现的社会性别特征有所体现,但现有社会性别量表并不能满足这一设计需要。基于以上两方面原因,以及保证测量工具内容效度的考虑,笔者首先在梳理现有性别量表的基础上构建社会性别测量指标库,然后采用德尔菲专家咨询法,通过征询社会性别研究及测量领域专家的意见,建构社会性别测量工具,确保社会性别测量工具的内容效度。具体过程将在 3.3 节详细说明。

3.1.3　数据选取

本研究初始阶段曾试图通过使用已有调查数据实现研究目标,在考察了现有调查数据库的基础上,选取了同时具有环境关心测量内容与社会性别测量内容的 CGSS 数据,以同时收集了环境关心与社会性别两方面数据的 CGSS 2010 展开分析,分析结果发现 CGSS 数据中关于社会性别的测量项目过少,无法形成对社会性别不同维度的有效测量,具体分析结果见 3.3 节。本研究选择通过自行调查获取随机抽样数据的方式完成研究目标。

根据研究目的,本研究需要收集一定规模的个体数据,对个体的社会性别不同维度与环境关心不同层次分别进行问卷调查,较理想的情况是从一定区域内采用概率抽样方法抽取居民个体。但由于该研究由笔者本人独立进行,受个人的调查资源所限,确实无法实现在一般居民中的随机抽样调查,而针对一般居民的非随机抽样调查可能会使数据结果带有一定的偏误,因此笔者被迫放弃在一般居民层面进行随机抽样调查的计划。

由于笔者具有一定的高校资源,在大学生群体中实现随机抽样具有一定的可行性。与一般居民相比,大学生群体在年龄分布、受教育程度、职业特征、父母身份等方面具有明显差异,但以实现本书研究目的为目标,大学生群体的随机抽样调查数据仍然具有重要的价值。首先,大学生群体在年龄、受教育程度、职业类型等方面具有相对同质性,在定量分析中可以看作对以上基本社会人口变量的控制,即在排除以上特征影响的基础上分析社会性别与环境关心之间的关系;其次,作为一项对社会性别与环境关心关系的探索性研究,其研究的主要目标在于两者之间关系的探究,从这个意义上讲,大学生群体的数据对于理解环境关心的社会性别差异具有重要意义。因此,笔者最终确定在北京市高校大学生中进行定量资料收集,具体的数据收集过程及清理过程将在3.4节、3.5节详细说明。

3.1.4　分析策略

本研究的因变量环境关心与自变量社会性别均采用五级或六级李克特量表测量,其变量层次为个体对量表陈述逐项评分形成的连续变量。笔者采用结构方程模型对数据资料进行定量分析。结构方程模型分析的优势在于,可以同时处理多个因变量之间的关系,容许自变量与因变量都含有测量误差,能同时评估因子结构与因子关系,以及反映变量间的直接效应、间接效应与总效应(吴明隆,2009:2—6)。关于结构方程模型分析方法的进一步说明见3.6节。

3.2　研究路径

本书拟采取的研究路径如图3—1所示。首先,梳理既有环境关心生理性别差异研究文献,分析其面临的理论及现实挑战,反思生理性别与环境关心之间关系的实质,并分析其可能的作用路径,提出研究思路,即通过建构社会性别测量推进对环境关心变异的理解。其次，根据分类汇总现有社会性别测量工具的主要内容，形成社会性别测量指标库，采用德尔菲法建构社会性别测量量表。然后，在北京选取三所高校进行随机抽样调查，以抽样数据对社会性别量表的测量质量进行检验。接着，采用结构方程模型，以环境关心的三个层次（环境价值观、环境风险认知与环境行为）分别作为因变量，纳入控制变量，分析社会性别三维度（性别角色观念、性别平等态度与性别气质呈现）特征与因变量的关系，并与生理性别的分析结果比较。最后，对研究发现进行总结与讨论。

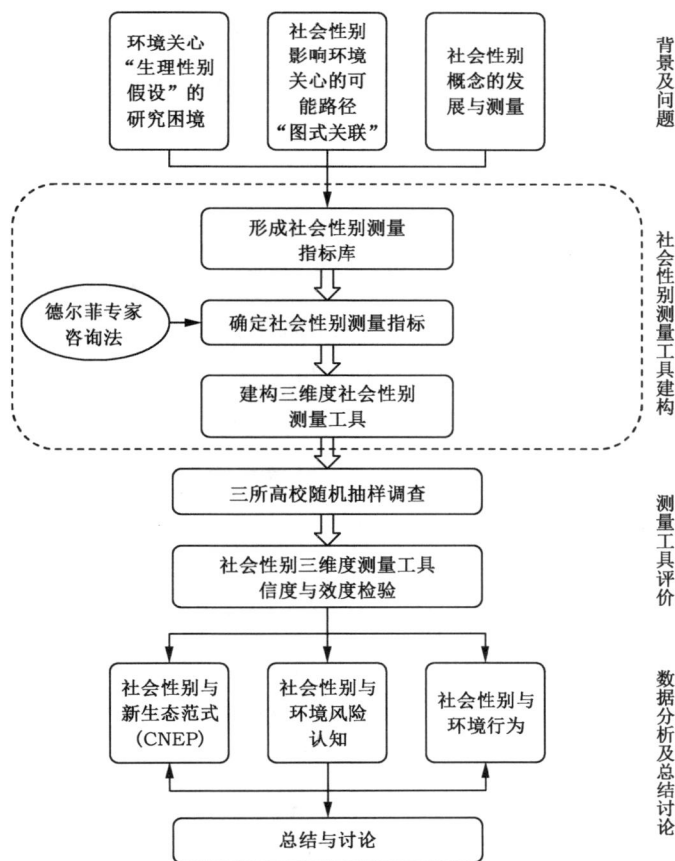

图 3—1　本书研究路径

3.3　社会性别测量量表建构

根据研究目的,调查问卷包含三部分内容,分别是因变量环境关心的测量、自变量社会性别的测量与控制变量被访者的经济社会人口特征。由于建构超越生理二元的、更精细的社会性别测量工具是本书主要的着力点,因此本节重点介绍社会性别量表的建构过程,关于环境关心与经济社会人口特征的测量将在3.6节详细介绍。

3.3.1　建构社会性别测量的前期努力

基于对社会性别概念的理解与对既有测量工具的梳理,本研究计划从三个维度测量社会性别,分别是性别角色观念、性别平等态度与性别气质呈现。根据研究目的,笔者尝试了两种利用已有研究基础的方式,分别是利用已有调查数据与利用已有社会性别测量量表。

首先,笔者以2010年中国综合社会调查数据(CGSS)为例对社会性别与环境关心之间的关系进行分析。数据中社会性别的测量项目共有5个,分别为"男人以事业为重,女人以家庭为重""男性能力天生比女性强""干得好不如嫁得好""在经济不景气时,应该先解雇女性员工"与"夫妻应该均等分摊家务"。分析过程如下:首先,根据测量项目的内容,对5个测量项目进行探索性因子分析,得到两个因子,"夫妻应该均等分摊家务"独自作为一个因子,另外四个项目聚合为一个因子。从项目内容看,难以从理论角度为因子合理命名。具体分析其项目内容,可以看到因子聚合以测量方向为依据,相同测量方向的项目聚合在一起。因此,暂且将因子命名为因子1与因子2。然后,将两个因子与环境关心的不同层次(新生态范式价值观、环境风险感知、私域环境行为及公域环境行为)建立结构方程模型,纳入年龄、民族、受教育程度、户籍、政治面貌与收入作为控制变量。在模型总体拟合达到可接受标准的条件下,数据分析结果显示,社会性别两因子与新生态范式价值观的标准化回归系数为-0.073与0.122,

与环境风险感知之间的标准化回归系数为－0.018(不显著)与0.056,与私域环境行为之间的标准化回归系数为－0.130与0.112,与公域环境行为之间的标准化回归系数为－0.051与－0.014(不显著)。总体来看,社会性别两个因子对环境关心各层次的解释力不高。

以上分析中有两点主要发现:第一,中国综合社会调查数据的社会性别测量项目过少,量表理论结构不明确,无法完整涵盖社会性别概念的内涵。探索性因子分析以测量方向为基础得到两因子结构,很难进行合理的因子命名。比如因子1的测量内容既包含社会性别角色观念,也包含对社会性别平等的态度,因子2仅有一个测量指标,仅涉及家务分工中的社会性别关系。可见,社会性别量表既无法通过表面效度形成测量维度,也无法通过探索性因子分析形成社会性别的理论层次,无法满足本研究的需要。第二,中国综合社会调查数据分析结果(各标准化回归系数)表明,现有社会性别测量指标对环境关心变异的解释力非常有限。在具有相同控制变量的模型中,生理性别与环境关心三个层次之间的标准化回归系数分别为0.019、0.052与0.052、0.038。由于社会性别测量指标数量及内容的限制,与生理性别相比,社会性别对大部分环境关心变量的解释力并没有明显提高。综上可知,中国综合社会调查(2010)数据暂时不能满足本研究的分析需要,为社会性别与环境关心的分析提供可靠的数据支持。

其次,笔者检验了既有的社会性别测量工具能否实现对社会性别内涵的完整有效测量。根据社会性别三个维度在内容方面的不同侧重,选用3个已有的社会性别量表在大学生中进行了前期调查。3个社会性别测量维度选用量表如下:性别角色观念维度借鉴了《中国妇女地位调查》中社会性别角色的测量指标,共包含家庭角色、职业角色、外表形象及人格特征4个维度8个观测项目。要求被访者对每项陈述做出完全同意、比较同意、说不清、比较不同意与完全不同意5档评价,根据得分高低判断大学生持有的性别角色观念更趋于现代,或更趋于传统。性别平等态度维度选用斯彭斯等(Spence *et al.*,1972)提出的"对女性的态度量表"

简表,共包含 25 个项目,其内容涉及职业、教育、智力活动、约会行为和礼仪、性行为与婚姻关系 6 个方面,每个被访者逐项对每个陈述选择从完全同意到完全不同意共 7 级评分中的一种,根据量表总分判断被访者性别平等态度的强弱。性别气质呈现选用贝姆(Bem,1974)开发的性别角色特征量表。量表包含 40 个描述社会性别特征的形容词,男性气质与女性气质各 20 个,要求被访大学生根据每种形容词在自己身上呈现的程度选择从完全符合到完全不符合七级中的一级,根据两种性别气质类型得分,确定个体在社会期待的男性气质与女性气质呈现两方面的特征。

　　前期调查在 J 大学的本科在校生中进行,采用配额抽样方式,以年级与性别作为配额指标。共发放问卷 464 份,回收 441 份,回收率 95.04%,有效问卷 433 份,有效回收率 93.32%。调查结果显示,社会性别三个测量量表的克朗巴赫 α 系数在 0.715～0.864,测量稳定性在可接受范围,但量表的建构效度检验并不理想。如性别平等态度维度"对女性的态度量表",模型整体拟合效果不理想,25 个项目中有 9 个的因子载荷低于 0.25,性别角色观念测量量表的 8 个项目中有 2 个的因子载荷过低。通过对初次调查结果的分析,结合既往研究对测量工具的评价,我们认为这两种测量工具信/效度水平不理想的原因可能在于:第一,语言表达问题,因为"对女性的态度量表"原表为英文表述,调查中采用了英译中的方式,译文表达可能存在部分不符合中文表述习惯的地方,造成被访者不能充分理解陈述的真实含义,导致调查结果不准确。第二,量表提出的文化背景问题。"对女性的态度量表"基于西方社会文化、家庭结构及生活方式提出,其问题中可能包含部分与本国实践不同的问题形式,比如"一个社区的智识领导力应主要掌握在男性手中",从而导致部分陈述分辨力较弱,影响了整个量表的测量质量。第三,量表内容所辖陈述数量不均衡问题。性别角色观念量表中家庭角色包含 4 个观测项目,社会角色仅包含 1 个观测项目,观测项目不均衡导致对量表测量结果评价与分析的困难。

　　总体来看,笔者认为直接利用现有调查数据与采用已有量表均不能完全满足本研究对社会性别测量的需要,应在参考现有社会性别测量内容及项目表述基础上,重新建构更符合研究需要的社会性别测量工具,并通过德尔菲专家咨询法保证量表的内容效度。

3.3.2　社会性别量表设计——德尔菲专家咨询法

德尔菲法(Delphi Method),又称专家调查法,于 20 世纪 40 年代由赫尔默(Helmer)和戈登(Gordon)首创。1946 年,美国兰德公司为克服集体讨论中存在的屈从于权威或盲目服从多数的缺陷,首次用这种方法做预测,后来该方法被广泛应用于评价、决策、管理沟通、规划等工作领域。德尔菲法的操作方式为依据系统程序,采用匿名发表意见的方式,以书面形式背对背征求和汇总专家意见,对专家意见归纳后再次反馈给专家,通过多轮意见征询,最终形成针对同一问题的一致结论。

社会性别测量量表的建构过程如下:

首先,在查阅文献基础上对现有社会性别测量量表进行分类汇总,形成社会性别测量指标库。第一步,将所有量表根据测量内容梳理为三大类,分别关注社会性别的性别角色观念、性别平等态度与性别气质呈现三个方面,形成社会性别测量的一级指标;第二步,列出每一大类中已有量表的主要内容维度,分大类分别汇总,合并内容相同的维度,形成二级指标;第三步,列出每个量表的具体陈述,按维度分别汇总,合并内容相同的陈述,形成三级指标。最终形成包含 3 个一级指标、16 个二级指标、113 个三级指标的社会性别测量指标库。依据测量指标库,拟定德尔菲法专家征询意见表(见附录 1)。

其次,选定与联系从事社会性别相关研究及测量工作的德尔菲专家共 9 人,其中社会学研究领域专家 5 人,社会心理学研究领域专家 2 人,其他相关领域(社会工作与人口学)专家 2 人,专家基本情况见表 3—1。

表 3—1　　　　　　　　　　德尔菲法咨询专家名单

专家编号	专业	学历	从事相关研究年限	研究领域
专家 A	社会学	博士	30 年以上	文化社会心理学、社会心理学研究方法

续表

专家编号	专业	学历	从事相关研究年限	研究领域
专家 B	社会学	博士	15 年以上	女性研究
专家 C	社会学	博士	10 年以上	社会心态、群际关系心理学
专家 D	社会学	硕士	15 年以上	性别与发展、社会政策
专家 E	社会学	博士	5 年以上	性别与发展
专家 F	社会心理学	博士	20 年以上	心理测量评价
专家 G	社会心理学	博士	15 年以上	心理适应、性别观念
专家 H	社会工作	硕士	15 年以上	性别研究、妇女社会工作、家庭社会工作
专家 I	人口学	博士	10 年以上	妇女就业与公共政策

在开始意见征询前,与各位专家沟通本研究的目的及相关背景资料,确保各位专家充分了解意见征询稿的内容与背景。

再次,实施德尔菲专家咨询。

第一步,将拟定的德尔菲法专家征询意见表通过电子邮件与纸质邮递的方式于 2019 年 3 月 5 日发送给各位专家。

第二步,陆续回收第一轮专家征询意见表,发出 9 份,收回 9 份,最晚回收时间为 2019 年 3 月 19 日。

第三步,汇总整理与分析专家反馈结果。

在专家意见中,收到多位(3 位以上)专家以不同形式提出的建议,基于其对国内外社会性别研究现状的掌握,专家们认为社会性别研究仍然处于现代与后现代交织、理论派别多样、概念界定无法统一的研究阶段,不同研究人员基于自己的研究领域与理论派别理解与使用社会性别概念,对社会性别的操作化结果分歧巨大。专家表示在社会性别的测量内容方面,很难通过德尔菲法形成对社会性别的一致理解,建议采用研究人员提出测量框架,由专家进行表面效度评价的方式完成量表建构。

为回应专家意见,笔者对专家的数字评分与文字建议进行了全面汇总与分析,有如下三个发现:第一,对本研究提出的社会性别概念及测量指标,评价意见相去甚远。有的专家认为笔者提出的社会性别测量指标对于社会建构的、多元的社会性别特征有较好体现,有的专家提出社会性别本身的多元化定义具有后现代女性主义的理论基础,很难用统一的概念去限定。从以上意见看出,现有的社会性别研究者(本研究的德尔菲专家)在所持理论立场方面存在较大分异,对于社会性别定义持有不同甚至对立立场。事实上,在笔者前期联系性别研究专家的过程中,有 3 位性别研究领域的专家拒绝参与此次专家意见征询,根据反馈的理由看,以上顾虑是主要原因之一。第二,在反馈意见中,9 位专家中的 7 位专家对笔者提出的社会性别三维度划分表示支持,即社会性别可分为性别角色观念、性别平等态度与性别气质呈现三个维度(一级指标)。但在社会性别各维度的具体测量指标(二级指标与三级指标)方面意见分歧较大。第三,专家意见结果的数据分析不理想。通过对回收的专家咨询意见表各个维度及指标的得分均值与标准差的计算,我们发现各个维度和陈述的得分均值普遍不高,平均满分比(所得分值占满分的百分比)为 62.12%,并且各维度与陈述之间得分的变异系数(标准差除以均值)较大,变异系数均值为 0.592 7。[①] 此外,通过对专家判断系数,即对性别测量维度与陈述的打分是基于"研究实践"(赋分 0.65)或者"直观感受"(赋分 0.35)的统计,专家判断系数的均值为 0.507 2,满分比为 78.03%,说明专家对征询意见表的评分居于较高的自评水平,认为自己的评分主要基于性别研究实践。以上数据综合来看,可认为社会性别测量指标的二三级指标没有获得专家相对一致的同向评价,各专家之间相互"妥协"的空间较小,验证了先前专家提出的"一致评价很难达成"的判断。

之后在与多名专家沟通的基础上,最终对专家咨询法做出如下修正:首先,在第一轮征询意见的基础上,保留社会性别的三个维度(一级指标),对二级指标与三级指标进行得分统计,计算得分均值与标准差,删除均值极低、变异系数极大的指标,形成二稿初稿;其次,根据对社会性别理论与实证测量文献的梳理,结合专家文字反馈意见,对二稿初稿进行修

---

① 通常要求变异系数值小于等于 0.35,本结果中的变异系数显著超出限值。

正,形成二稿正式稿;最后,将二稿正式稿提交至 2～3 位权威专家评议,形成量表定稿。

　　第四步,提出量表设计二稿。在对第一轮专家征询意见表进行梳理的基础上,删除专家评分均值低于 5 分,变异系数大于 0.35 的二级指标 3 个,删除专家评分均值低于 3.5,变异系数大于 0.7 的三级指标 7 个。然后结合专家征询意见表的文字建议与本研究的社会性别概念框架,对二级指标与三级指标进行删减、补充以及措辞调整,形成量表二稿。

　　最后,确定社会性别量表定稿。将量表二稿内容发送给两名权威专家,关于量表二稿内容进行沟通,根据专家意见修改量表中部分内容及表述,形成社会性别测量量表定稿(完成时间为 2019 年 4 月 19 日)。

3.3.3　社会性别测量量表定稿

　　在文献整理基础上提出的社会性别测量指标库包含一级指标 3 个、二级指标 16 个、三级指标 113 个。根据德尔菲专家的反馈意见,结合社会性别概念及测量文献对量表做出修正,共删除二级指标 4 个,三级指标 42 个,增加二级指标 1 个、三级指标 10 个,最终形成由 3 个一级指标、13 个二级指标、81 个三级指标构成的社会性别测量量表(详见表 3—2)。

表 3—2　　　　　　　　　　社会性别测量指标汇总表

德尔菲专家咨询前			德尔菲专家咨询后		
一级指标	二级指标	三级指标	一级指标	二级指标	三级指标
A 性别 角色态度	A1 家庭经济角色	8 个	A 性别 角色观念	A1 家庭经济角色	4 个
	A2 家务劳动分配	6 个		A2 家庭照料角色	6 个
	A3 养育子女角色	7 个		A3 家庭事业冲突	3 个
	A4 家庭事业冲突	4 个		A4 社会事务参与	6 个
	A5 社会职位偏好	6 个		A5 性行为角色	1 个
	A6 男女人际角色	9 个			
	A7 性行为角色	3 个			

续表

德尔菲专家咨询前			德尔菲专家咨询后		
一级指标	二级指标	三级指标	一级指标	二级指标	三级指标
B 性别平等态度	B1 家庭事务决策	4 个	B 性别平等态度	B1 家庭事务决策	5 个
	B2 个人事业发展	8 个		B2 个人事业发展	6 个
	B3 参与社会事务	5 个		B3 参与社会事务	3 个
	B4 两性行为权利	6 个		B4 两性行为权利	4 个
	B5 受教育机会	2 个		B5 受教育机会	2 个
	B6 经济自由/经济能力	2 个		B6 经济自由/经济能力	2 个
	B7 同性恋爱态度	3 个			
C 性别气质类型	C1 男性特质	20 个	C 性别气质呈现	C1 男性特质	20 个
	C2 女性特质	20 个		C2 女性特质	20 个

3.4 抽样设计与实施

3.4.1 样本学校选择

本研究以北京高校本科在校生为总体,不含研究生及以上阶段的在校生。由于北京地区高校数量众多,高校之间在规模、结构等方面存在很大差异,因此须根据北京地区高校的总体分布特征选择有代表性的学校。

第一步,高校分类统计。通常认为,高校之间的差异与其所属管理机构类型有主要关系。隶属于不同管理机构的高校,在学生规模、生源构成、师资水平、培养定位等各方面均有所区别,这些区别在一定程度上会对大学生的社会性别特征及环境态度产生一定影响。根据北京市教委网站 2019 年的信息,北京市共有高校 77 所。按学校所属机构类型可分为三类,分别是教育部直属高校 23 所、国务院委办属高校 13 所、北京市教委所属高校 41 所(含高职院校)。受时间与经费所限,本研究在以上三种类型高校中各选择一所作为样本学校。

第二步,选取三所高校。本研究根据可行与方便的原则,在每种类型学校中选择一所高校进入样本。根据笔者现有资源,最终选择 J 大学(市属)、W 大学(教育部直属)与 M 大学(国务院委办属)作为本次研究的调查学校。

J 大学为本研究中市属院校的代表。J 大学是北京市与住房和城乡建设部共建高校,是以建筑为特色、以工科为主的市属大学。J 大学现有 35 个本科专业,其中国家级特色专业有建筑学、土木工程、建筑环境与能源应用工程。J 大学生源以北京市为主,现有本科在校生中北京生源占 60%。2019 年 5 月全校共有本科在校生 7 112 人,其中男生占 61%,女生占 39%,大一至大四及以上占比分别为 26.70%、23.66%、23.76% 与 25.88%。

W 大学是教育部直属 211 工程学校之一。该校是外国语高等学校之一,开设了 100 多种外国语言,欧洲语种群和亚非语种群是目前我国覆盖面最大的非通用语建设基地,学校以外国语言文学学科为主体,以文、法、经、管等多学科发展为办学特色。学校本科专业有 121 个,面向全国招生。W 大学的本科在校生人数为 5 470 人(2019 年 5 月数据),其中男生占 23.03%,女生占 76.97%,大一至大四的人数比例为 23.98%、24.17%、25.76% 与 26.09%。该校共有 15 个学院,243 个班,其中语言类学院 9 个,非语言类学院 6 个。

M 大学为国务院委办属下属高校,是国家为解决民族问题,以培养少数民族干部和高级专门人才为特色的高等学校,是北京 8 所 985 工程高校之一,2017 年"双一流"A 类高校。M 大学现有 25 个学院,65 个本科专业,面向全国招生,本科生中少数民族学生比例为 44.6%(2018 年 10 月数据)。2019 年 5 月共有在校本科生 11 187 人(除本科留学生 18 人),男生占 30.70%,女生占 69.30%,大一至大四及以上占比分别为 25.23%、25.09%、24.54% 与 25.14%。

3.4.2 样本抽取与调查实施

本研究从 2019 年 5 月 13 日获取抽样框开始，7 月 6 日完成全部问卷回收，共用时 55 天。三所学校均采用概率抽样方式，但由于每所学校获取的抽样框类型不同，具体抽样实施有所差异。J 大学和 M 大学以学生为抽样单位，采用简单随机抽样方式，W 大学以班级为单位，采用分层抽样方式。以下按照抽样时间的先后顺序具体介绍样本抽取过程。

J 大学是本研究的第一个随机抽样调查高校，具体调查时间为 2019 年 5 月 21 日至 6 月 18 日，共 29 天。抽样前以全部本科生学号为基础编制抽样框，使用简单随机抽样进行一次性样本抽取。具体操作为利用随机数表生成 600 个随机数，然后根据每个随机数对应的编号在抽样框中选取相应的学生。

笔者本人与 8 名不同年级的本科在校生作为调查员，通过在宿舍、图书馆、教室寻找，同学介绍、老师推荐等方式逐一联系被调查对象，送达纸质问卷，通过当面填答、现场查验、当场追问、无问题再回收的方式保证问卷填答质量。调查随机抽取了 600 名本科生作为样本，根据样本名单共发放问卷 578 份（个别学生由于出国交流、在外地实习等原因不在校没有送达），回收问卷 468 份，回收率 78.00%，其中有效问卷 455 份，有效回收率 75.83%。有效问卷中，男生占 55.16%，女生占 44.84%，大一至大四及以上所占样本比例分别为 23.52%、25.73%、27.03% 和 23.74%[①]，样本结构与全体本科生结构相似。问卷回收后，根据问卷所留联系方式，抽取 25 份问卷进行了回访，回访比例为 5.4%。

M 大学的抽样调查自 2019 年 6 月 10 日开始，至 7 月 5 日结束，共 25 天。抽样前首先取得全校各学院班级名单，包含班级名称、班级总人数等信息。然后根据班级名单，对应学校网站的站内信学生名单，手动建立了

---

① 由于调查时间临近大四及以上年级毕业，在校外实习及工作同学所占比例较大，因此大四年级的样本回收率低于总体回收率。大四及以上年级共发放问卷 157 份，回收有效问卷 105 份，有效回收率 66.88%。

全校 11 187 名本科在校生的抽样框。然后采用随机数表法在全校进行简单随机抽样,共抽取样本 700 人。

　　M 大学的问卷送达和回收过程较为波折,具体经历了以下几个阶段:第一阶段,通过学校网站的站内信对每位被抽中同学发送了第一轮填答邀请,以站内信附件的形式发送 Word 格式的电子问卷。4 天后再次通过站内信催促,但 10 天之内只收到不足 10 份回复,效果不理想。第二阶段,由一名老师带领 3 名不同年级的同学作为调查员,以朋友介绍、通过全校课表查找上课地点等方式逐一联系入样同学,现场填答纸质问卷。联系效果较好,填答质量较高,但进展缓慢。由于临近期末,考虑到调查持续时间太久会与考试周、毕业季冲突,降低应答率,因此进行了第三阶段的调整。第三阶段,除了延续原有调查方式,增加了以下几种方式推进调查进度:联系各个学院教学秘书、学生工作老师及专业教师等方式间接联系被调查学生;增加了 3 名调查员;开发了除纸质问卷之外的 Word 版本(通过邮箱或微信等联系方式将 Word 文档发送给被调查学生,被调查学生可以在 Word 文档上直接点选,填写完成后返回 Word 文档)与问卷星版本(将问卷链接推送给被调查学生,通过在线填写并提交到问卷星网站后台的方式完成调查)的调查问卷。由于 Word 文档与问卷星调查方式不能由调查员现场监督填答过程,因此设置了以下两种方式控制调查的质量:第一,针对每个被调查样本分配了唯一的样本编码,被调查学生需要在询问调查员其本人编码后,在问卷编码处填写其专属的样本编码才可填答问卷,用以保证问卷可追溯;第二,在问卷中间位置设置了检验题项,问卷返回/提交后,由调查员在线查看问卷填答完整性及检验题项,如果检验题项未通过查验,与被调查学生联系发回重填;如果检验题项通过,进一步复查填答逻辑问题,只有当检验题项与填答逻辑检查都通过后,方确认问卷予以回收。调查共回收问卷 516 份,回收率 73.71%,剔除无效问卷 6 份,有效问卷 510 份,有效回收率 72.86%。有效问卷的男女比例为,男生占 32.35%,女士占 67.65%,大一至大四及以上占比分别为 33.14％、30.59％、24.90％和 11.37％。[①]

　　根据发放形式不同，M 大学的调查问卷共分为纸质版问卷、Word 版问卷与问卷星版问卷三类。回收的 516 份有效问卷中，纸版问卷 57 份、Word 电子版问卷 106 份、问卷星版问卷 348 份。对于问卷发放方式可能对调查结果产生的影响，本书在数据清理阶段对不同问卷回收方式的调查结果进行了比较分析。三种问卷回收类型的方差分析发现，不同的问卷回收方式在样本社会人口变量中民族、政治面貌、生源地、入学前生活地类型、每学期消费总和、父亲工作单位类型、母亲工作单位类型、家庭阶层，环境关心主题下有显著差异的陈述 9 个（共 48 个），社会性别主题下有显著差异的陈述 16 个（共 82 个）。三种问卷回收类型两两比较的情况如表 3—3 所示。比较结果显示，相比较而言，纸版问卷与问卷星版问卷结果更为同质，Word 版问卷与另外两类的结果差异更多。为保证分析结果的准确，必要时可将问卷回收方式作为控制变量纳入模型，以控制问卷回收方式带来的影响。

表 3—3　　　　　M 大学问卷回收方式与问卷结果的比较

	社会人口特征	环境关心主题	社会性别主题
纸质版与 Word 版	民族	12/48	27/82
	专业门类		
	入学前生活地类型		
	每学期消费总和		
	母亲工作单位类型		

---

　　① 由于 M 大学的调查时间为 2019 年 6 月 10 日至 7 月 5 日，大四学生正处于毕业离校期间，为调查问卷收集带来不小挑战，虽然在毕业离校之后仍通过线上方式反复与被调查学生沟通，但是问卷回收率仍与总体回收率存在较大差距。大四年级共回收有效问卷 58 份，回收率约为 33％。

续表

	社会人口特征	环境关心主题	社会性别主题
纸质版与问卷星版	民族	10/48	12/82
	政治面貌		
	专业门类		
	每学期消费总和		
	母亲工作单位类型		
	母亲在单位中职位		
Word版与问卷星版	专业门类	4/48	27/82
	入学前生活地类型		
	父亲在单位中职位		
	母亲在单位中职位		

W大学的抽样调查从 2019 年 6 月 13 日开始,至 7 月 6 日结束,共 24 天。由于只能取得全校本科生班级名单及人数,因此选择以班级为单位进行概率抽样。W 大学的班级可以根据专业特点分为两大类:语言类与非语言类,两类专业在招生录取、培养过程、就业方向等方面存在明显差异,因此本研究以是否语言类学院为分层变量,将学院分为两类,然后根据每类学院的班数按比例抽取相应数量的班进入样本。

具体抽样分两步完成:第一步,根据语言类学院与非语言类学院数量 9∶6 的比例,在语言类学院中简单随机抽取 3 个学院,非语言类学院中简单随机抽取 2 个学院构成样本。第二步,将第一步抽中学院的全部班级汇总形成抽样框,共形成两个抽样框,语言类班级抽样框包含 76 个班级,非语言类班级抽样框包含 40 个班级。在两个抽样框内以简单随机抽取的方式按比例抽取班级,抽取语言类班级 15 个、非语言类班级 8 个,23 个班的全部同学入样。以语言类学院为例说明样本抽取过程,第一步,语言类学院共有 9 个学院,在 9 个学院中采用简单随机抽样法随机抽取 3 个学院。第二步,以第一步入选的三个学院全部班级(76 个班)建立抽样框,采用简单随机抽样抽取 15 个班,15 个班全部学生进入样本。同理,非语言类学院采用相同方法抽取。调查共抽取 5 个学院、23 个班,共 550人。具体调查过程如下:首先,根据入样班级名单登记班级名称、人数、学生编号(学号)等信息,由各学院负责学生工作的老师选择方便的时间,约定时间、地点集中被选中班级的大学生,当场发放问卷,当场回收。关于问卷填答质量控制方面,由本学院负责学生工作的老师向大学生说明调查目的、意义,笔者与调查员详细说明填答注意事项,问卷回收当场检查问卷中设置的检查项,如果检查项未通过,就要求当场再次确认或重新填写。W 大学共发放问卷 550 份,由于集中填答时部分调查对象未到场,或问题问卷再次确认后仍然有部分问卷未通过检查项查验,因此回收问卷 469 份,其中有效问卷 452 份,回收率 85.27%,有效回收率 82.18%,全部为纸质问卷。问卷回收后,根据问卷所留联系方式,抽取了 30 份问卷进行回访,回访比例为 6.4%。样本汇总结果显示,样本中男生 79 人,占 17.48%,女生 373 人,占 82.52%。大一至大四样本占比分别为27.00%、26.32%、26.77% 与 19.91%。

三所高校抽样基本情况汇总见表 3—4。

表 3—4　　　　　　　　三所高校抽样基本情况汇总表

	类型	问卷形式	抽样方法	拟抽样本数	有效回收样本数	有效回收率
J 大学	市属高校	纸质版	简单随机抽样	600	455	75.83%
M 大学	国务院委办属	纸质版Word 版问卷星版	简单随机抽样	700	510	72.86%
W 大学	教育部直属	纸质版	分层抽样	550	452	82.18%
总计				1 850	1 417	76.59%

3.5 数据清理与样本概况

问卷回收过程中及回收后,笔者通过在线检查填答完整性、核查检查题项、前后题项逻辑判断、回访等各种方式,尽量提高问卷填答质量,对不符合检查标准的问卷作废卷处理。但数据结果中仍会存在部分数据缺失的情况,这在自填式问卷调查中几乎是难以避免的。笔者在问卷回收完成后对数据做了如下清理。

3.5.1 数据前期清理

首先,合并通过回访等方式初步清理过的三校数据,形成初始完整数据集。然后,人工补录部分经济社会人口变量缺失值。由于 J 大学与 M 大学是以学生名单作为抽样框随机抽样,学生名单基本信息部分除学生编号,还包含学生的部分其他信息,因此可以对样本中部分缺失信息予以补录。

补录后,性别、年级、专业门类、民族、政治面貌、生源地、是否有兄弟姐妹变量无缺失数据。补录后仍有缺失的经济社会人口变量缺失情况如表 3—5 所示。其中,除家庭总收入缺失比例较高,其他社会人口变量的缺失比例在 0.21%～2.12%,缺失比例较低。由于家庭总收入缺失比例太高,同时缺失比例较低的"家庭生活水平社会分层"变量可一定程度替代其信息,因此对家庭总收入变量不再进行缺失值处理,后续也不再将其纳入统计模型。

表 3—5 社会经济人口变量缺失情况统计

社会人口变量	样本总数	有效样本	缺失样本	缺失比例(%)
年龄	1 417	1 403	14	0.99
生源地	1 417	1 413	4	0.28
宗教信仰	1 417	1 387	30	2.12

续表

社会人口变量	样本总数	有效样本	缺失样本	缺失比例(%)
入学前主要生活地类型	1 417	1 414	3	0.21
父亲受教育程度	1 417	1 407	10	0.71
母亲受教育程度	1 417	1 405	12	0.85
家庭总收入	1 417	1 102	315	22.23
家庭生活水平社会分层	1 417	1 390	27	1.91

3.5.2　数据缺失值处理

(1)缺失值处理策略

鲁宾(1976)提出缺失值分为完全随机缺失(Missing Completely at Random,MCAR),指变量缺失值完全随机,一般情况下非常少见;随机缺失(Missing at Random,MAR),指变量值的缺失仅与其他变量有关,而不与其本身有关;以及非随机缺失(Not Missing at Random,NMAR),指变量值缺失与变量本身有关,可通过对缺失组与非缺失组变量值是否有显著差异验证。通常前两种缺失对统计分析的影响是可忽略的,是可接受的缺失类型,对其进行插补后可开展统计分析,而非随机缺失数据由于存在样本偏误不适合进行统计建模分析。

对于存在缺失的数据,在开始统计分析前应根据数据缺失比例与缺失类型,选用合适的方法对数据进行缺失值替代,具体过程如图 3-2 所示。

首先,描述每个变量的缺失比例,对于缺失比例较高的数据,进行缺失值类型分析,若确认数据为非随机缺失(通常采用 t 检验或卡方检验),则判定数据质量较低,不可继续用于统计建模。若确认数据为完全随机缺失或随机缺失,则需对数据做插补处理后再进一步使用数据进行统计建模。缺失值的插补方法众多,其中多重插补是目前研究中应用最多、能为缺失值提供精确替代值的一种方式。

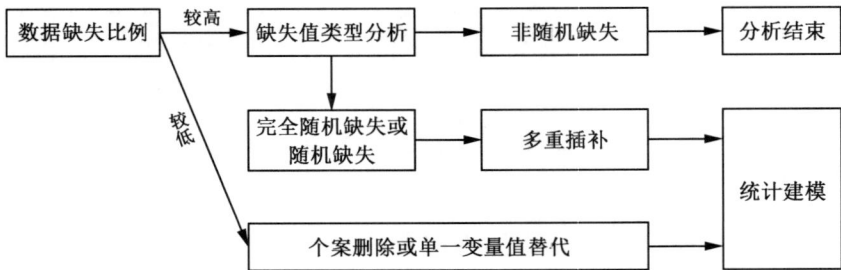

图 3—2 缺失值处理流程

其次，对于缺失比例较低的数据，由于采用不同的缺失值处理方法，其统计分析结果之间并不存在显著差异（范叶超和肖晨阳，2019），因此可选择直接删除个案或采用单一数值替换的简单方式处理，再对数据进行统计建模。

需要说明的是，对于区分数据缺失比例高低的标准仍有待明确。海尔（Hair，2011：572）认为，在结构方程模型中，数据缺失比例不应高于10%，也有研究人员通过比较不同缺失比例的数据分析结果提出，缺失比例高低的临界值定为5%较为合适（范叶超和肖晨阳，2019），本研究选用5%作为区分缺失比例高低的标准。缺失比例低于5%的变量采用单一变量值替代，缺失比例高于5%的变量采用多重插补进行替代。

（2）本研究缺失值替代

首先，检查各变量缺失比例。构成环境关心量表与性别量表的观测变量共119个，缺失比例范围从0至8.2%，均值为2.09%，标准差为0.11%。其中缺失比例超过5%的变量为4个，占全部变量数的3.4%。总体来看，数据缺失率不高。

其次，对缺失比例在5%以下的量表观测变量，用中位值替代缺失数据。本研究中观测变量的变量取值为1~5分表示"完全不同意"至"完全同意"的态度，或1~3分表示行为出现的频率，如从不、偶尔、经常，因此量表观测变量从实际含义来看属于定序变量。因此，选择中位值而不是均值作为缺失值替代值。

再次,对缺失比例超过 5% 的观测变量,分析其缺失类型。对缺失比例在 5% 以上的 4 个观测变量进行缺失值分析。分析结果如表 3－6 所示。

表 3－6　　　　　　　　缺失比例超过 5% 的变量缺失值分析

变量	缺失比例	缺失组与非缺失组不存在显著差异变量个数	占总变量个数比例
B2_20	6.0%	101	85.59%
B2_21	8.2%	104	88.14%
B3_39	5.5%	82	69.49%
B3_40	5.2%	88	74.58%

由表 3－6 可知,对于缺失比例较高的四个变量,大部分缺失变量值与未缺失变量值之间差异并不显著,可以通过多重插补对数据进行替代。本研究采用多重插补中的预测均值匹配法(Predict Mean Matching Method)插补以上四个变量的缺失值,具体命令为 STATA 中的 mi impute pmm,该方法可以使插补后的变量值在原变量值的范围内,辅助变量有性别、年级、专业门类、民族、政治面貌及本量表中其他数据,共插补 3 次,选择其中一次的插补结果替代缺失值。

最后,对社会人口变量缺失值进行替代。社会人口变量分为分类变量与连续变量,其中年龄为连续变量,父亲受教育程度、母亲受教育程度可转换为连续变量,家庭生活水平社会分层可看作连续变量。对以上连续变量采用多重插补方式替代缺失值。对缺失比例较低的定序变量,采用中位值替代缺失值。如缺失比例为 0.21% 的入学前主要生活地类型为定序分类变量,在分析其取值分布的基础上,采用其中位值"地区级城市"替代缺失值方式处理。对缺失比例较低的定类变量,采用众值替代缺失值。如生源地与宗教信仰为二分类变量,缺失比例分别为 0.28% 与 2.12%,采用"北京以外"与"不信仰宗教"替代缺失值。

3.5.3 样本概况

本研究最终有效样本规模为 1 417 人,样本基本结构如表 3－7 所示。在生理性别构成方面,女大学生占主体,约为 65%。各年级比例分布,大一至大三占比大致相等,受调查时间临近期末与毕业季影响,大四样本所占比例略低。专业类别方面,以人文社科类专业为主,占全部样本的三分之二。民族构成中汉族大学生占绝对优势,由于三所学校中有民族类高校,因此少数民族同学比例占全部样本的四分之一。入学前户籍性质以非农户口为主。此外,父亲受教育程度均值为 12.67 年(标准差为 3.83 年),母亲受教育程度均值为 12.10 年(标准差为 4.06 年),两变量的相关系数为 0.677,具有中等程度以上的相关性。

表 3－7　　　　　　　　　　样本基本结构

变量名称	类别	频次	百分比(%)
生理性别	男性	495	34.93
	女性	922	65.07
年级	大一	398	28.09
	大二	392	27.66
	大三	371	26.18
	大四	256	18.07
专业类别	理工科	474	33.45
	人文社科	943	66.55
民族	汉族	1 059	74.74
	少数民族	358	25.26
入学前户籍	农业	360	25.41
	非农业	1 057	74.59

3.6　模型介绍与控制变量测量

3.6.1　结构方程模型介绍

本研究采用 AMOS24.0 软件建构结构方程模型（Structural Equation Model, SEM），分析性别变量与环境关心变量之间的关系。

结构方程模型又称"协方差结构分析"，是利用变量之间的协方差矩阵分析变量间关系的一种多元数据分析方法。研究人员根据事先假设的理论模型建构结构方程模型，通过分析潜变量（Latent Variable）与显变量（Observable Variable）之间的多重关系证实或证伪理论模型。

结构方程模型中一般包含三类变量，难以直接测量的潜变量、可以直接测量的显变量与误差变量。通常潜变量无法直接测量，如家庭地位、学习动机等，需要通过一些可观察到的指标来间接测量。显变量也称观测变量，指可以直接测量到的变量，比如年龄、受教育程度等社会人口变量。潜变量的信息往往无法被显变量完全解释，无法被解释的部分在结构方程模型中称为误差变量。根据变量在模型中的相互作用关系，变量还可分为外生变量与内生变量，外生变量在模型中不受任何其他变量的影响但会影响其他变量，内生变量在模型中会受到一个或多个其他变量的影响，也可以同时影响其他变量。外生变量可以是显变量，也可以是潜变量，同样，内生变量既可以是显变量，也可以是潜变量。结构方程模型分为测量模型与结构模型，测量模型主要反映观测指标与潜变量之间的关系，结构模型主要用来表明潜变量之间的关系。

结构方程模型的分析一般包括以下几个步骤：模型建构、模型拟合、模型评价与模型修正。

（1）模型建构

结构方程是一种验证性方法，通常由理论或经验法则支持，在理论导引下建构假设模型（吴明隆，2009：2）。因此，在建构模型前需要充分了解变量之间的各种相互关系,并且确定潜变量与显变量之间的相互关系。

(2)模型拟合

通过对变量间的协方差结构的处理来完成对结构方程模型的拟合,其目的是使样本的协方差矩阵与模型的估计协方差矩阵间的差异最小化。模型估计中最为常用的方法是极大似然法(Maximum Likelihood Estimate,MLE),也是本研究采用的方法。

(3)模型评价

在建立初步模型后,对输出结果的指标值能否达到模型预设的适配度标准的评价称为模型评价,其本质与多元统计相关较为接近,通过显著性分析及计算卡方值的方式给出模型拟合度。模型与数据结构越吻合,拟合度越高。当样本量很大时,采用极大似然估计法估计参数,适配度的卡方值会过度敏感,因此判断模型估计与决定模型是否被接受时应参考多向度的指标值加以综合判断(黄俊英,2004,转引自吴明隆,2009:2)。常用的模型拟合指标如表3—8所示。

表 3—8 模型拟合指标及评价标准

拟合指标		评价标准
绝对拟合指标	χ^2/df	<5,越小越好,
	拟合优度指数(GFI)	>0.90,越接近1越好
	调整拟合优度指数(AGFI)	>0.90,越接近1越好
	残差均方和平方根(RMR)	<0.05,越接近0越好
	近似误差均方根(RMSEA)	<0.05,越接近0越好
增值拟合指标	比较拟合指数(CFI)	>0.90,越接近1越好
	增值适配指数(IFI)	>0.90,越接近1越好
	规范拟合指数(NFI)	>0.90,越接近1越好

(4)模型修正

模型拟合后,若拟合指数报告该模型拟合不佳,则需要进行模型修正。模型修正必须以理论导引为基础,通常采用增加、删除、调整路径或参数的形式实现。模型修正过程需要结合数据的理论意义与实际意义反复调整,修正完的模型应是合理的、明确的与可完整解释的。

3.6.2　主要控制变量

本研究主要探讨社会性别与环境关心之间的关系,对于环境关心变量各层次的测量与检验将在后面的第 5～7 章详细介绍,本节主要介绍接下来各章都会使用的控制变量测量。

既往环境关心研究认为,年龄、居住地、受教育程度、经济状况等社会人口变量对环境关心水平有影响,但由于大学生在受教育程度、居住地等方面同质性较强,因此在控制变量选择方面对部分变量稍做转换。结合本文数据特征,选择以下变量作为模型控制变量:年龄、民族、父母受教育程度、所学专业类别、入学前户籍类型、个人消费水平及样本来源学校。另外,在 M 大学的调查中,采用了纸质版、Word 版与问卷星版多种问卷收集方式。通常来讲,不同的数据收集方式可能会对被访者的填答结果造成影响,比如问卷的页面排版结构,因此在建模时也将问卷类型纳入模型,以控制数据收集方式对调查结果的影响。其具体测量如表 3－9所示。

表 3－9　模型控制变量一览表

变　量	性　质	说　明
年龄	连续	最小值 17 岁,最大值 26 岁
民族	定类	汉族＝1,少数民族＝0
父母受教育程度	连续	父亲受教育程度与母亲受教育程度的均值;未受过教育＝0,小学＝6,初中＝9,高中/职高/中专＝12,大学本科＝16,硕士研究生及以上＝19
专业类别	定类	理工类＝0,人文社科类＝1
户籍	定类	入学前户籍;农业＝0,非农业＝1

变 量	性 质	说 明
个人消费水平	连续	最近一年每学期平均消费额:5 000 元以下＝1,5 000～10 000 元＝2,10 000～15 000 元＝3,15 000～20 000 元＝4,20 000～25 000 元＝5,25 000～30 000 元＝6,30 000～40 000 元＝7,40 000～50 000 元＝8,50 000 元以上＝9
学校类型	定类	学校类型 1＝J 大学,学校类型 2＝W 大学,学校类型 3＝M 大学
问卷类型	定类	问卷类型 1＝纸质,问卷类型 2＝电子,问卷类型 3＝问卷星

第 4 章　社会性别测量与检验

　　社会性别的建构属性提示我们，社会性别不是单一的、固定的个体特征，受文化、情境、结构等不同要素的影响，社会性别呈现出多维度、多元化的特点。本章将根据大学生随机抽样数据对德尔菲法得到的社会性别三维度测量工具进行检验，确认性别角色观念、性别平等态度与性别气质呈现测量工具的信度与效度，为下一步更精细地分析社会性别与环境关心的关系提供保证。本章拟对社会性别三维度量表依次采取如下检验策略：首先，考察量表的信度情况，具体检验量表的克朗巴赫 α 系数及各项目与总量表的相关系数。接着，根据设计结构采用验证性因子（Confirmatory Factor Analysis，CFA）检验量表的理论结构与调查数据的拟合情况，以确认量表的结构效度。最后，根据社会性别理论及其他经验量表的发现，检验量表的建构效度情况。

　　验证性因子分析是结构方程模型的一种次模型，重在检验实际数据与理论构想之间的契合程度，具有理论先验性。验证性因子分析通常以特定的理论观点或概念架构为基础，然后借由数学程序评估该理论观点所导出的计量模型是否适当、合理（吴明隆，2009：212）。

4.1　性别角色观念量表

　　性别角色观念量表主要反映个体以社会性别分工为基础形成的社会

性别角色认同,是个体形成的关于社会性别角色及角色间关系的认知图式。

4.1.1 性别角色观念量表项目构成

本研究经过德尔菲法形成的性别角色观念量表的设计项目有 20 个,涉及家庭经济角色、家庭照料角色、事业家庭冲突、社会事务参与及性行为角色五个维度,每个维度有 1~6 个观测项目,详见表 4-1。被访者对每个项目按照"完全不同意""比较不同意""无所谓同意不同意""比较同意""完全同意"五种态度给出评价。全部 20 个项目中,正向陈述 7 个,从"完全不同意"到"完全同意"分别赋值为 1~5 分,被访者得分越高,代表越具有现代、多元的性别角色观念。反向陈述 13 个,从"完全不同意"到"完全同意"分别赋值为 5~1 分,被访者得分越高,代表具有越传统、刻板的性别角色观念。

表 4-1　　　　　　　性别角色观念量表项目信度检验结果

维度	项　目	R_{i-t}
家庭经济角色	项目 1　挣钱养家主要是男人的事情	0.571
	项目 2　如果妻子有能力赚钱养家,丈夫就可以留在家里照顾家庭	0.252
	项目 3　丈夫和妻子都应当对家庭收入有所贡献	0.224
	项目 4　家庭中大的消费决策(如买房、买车等)应当主要由丈夫负责,日常开支(如买衣服、孩子报课外班等)应当主要由妻子决定	0.543
家庭照料角色	项目 5　男性对子女的主要责任是提供生活必需品并且管教他们	0.423
	项目 6　妻子应当在家庭以外有所作为,丈夫应当主动分担家务,比如洗衣、洗碗	0.297
	项目 7　对学龄前儿童的陪伴和家庭教育主要是妈妈的责任	0.569
	项目 8　陪伴孩子、照料老人等耗费时间的工作应该主要由家庭中的女性承担	0.640
	项目 9　在职妈妈和全职妈妈一样,可以与孩子建立温暖安全的亲子关系	0.247
	项目 10　女性只有在成为母亲后才能获得真正的成就感	0.582

续表

维度	项　目	R_{i-t}
工作家庭冲突	项目 11　对一个妻子来说,帮助丈夫的事业比发展自己的事业更重要	0.650
	项目 12　女性应当更关注自己在生育与家庭抚养上的义务,而不是对职业生涯抱有渴望	0.647
	项目 13　当家庭需要与工作需要发生冲突的时候,妻子应当留在家里	0.623
社会事务角色	项目 14　在领导岗位上男女比例应当大致相等	0.333
	项目 15　女性和男性在工作能力上不存在本质差别	0.242
	项目 16　女性和男性一样可以胜任领导工作	0.469
	项目 17　在情感特质方面大多数男性比大多数女性更适合政治	0.373
	项目 18　社会上存在男性做的工作和女性做的工作,男性最好不要选择女性的工作,反之亦然	0.477
	项目 19　女性应该关心如何管理家庭,而管理国家的工作应留给男性	0.682
性行为角色	项目 20　为了家庭和谐,妻子不论是否情愿都应与其丈夫发生性关系	0.568

4.1.2　性别角色观念量表的信度检验

对性别角色观念量表进行信度检验,调整后克朗巴赫 α 系数为 0.873,说明量表具有很好的测量稳定性。如表 4-1 所示,各项目与量表总分的相关系数(调整后 R_{i-t})在 0.242～0.682。一般认为该系数大于 0.25 表明量表内部一致性良好。经过初步分析,项目3、项目9与项目15与量表总分的相关系数略低于 0.25 的参考标准,可以在后续分析中继续观察其与其他项目及总量表的相关指标,必要时考虑删除。

4.1.3　性别角色观念量表结构效度检验

性别角色观念量表在初始设计时综合了多种现存量表的维度与题项,并经过专家咨询法进行评估与筛选,在设计阶段较好地保证了量表的内容效度。根据设计结构对量表进行验证性因子分析(以下简称 CFA),

以检验量表的结构效度。具体检验过程如下：首先，以量表初始五维度
20 个观测项目建立 CFA 模型，模型整体拟合指标达到标准，$CMIN/df$
值小于 5(4.459)，$RMSEA$ 小于 0.05(0.049)，其他拟合指标值在 0.9 以
上。具体考察各个项目的因子载荷值发现，项目 3、项目 9 与项目 15 的因
子载荷水平偏低，分别为 0.22、0.22 和 0.17。以上三个载荷偏低的观测
项目分别对应于家庭经济角色、家庭照料角色与社会事务角色三个维度，
考虑到删除三个项目后各维度仍有三个及以上观测指标，不影响量表原
始结构，因此删除以上三项测量指标对模型进行调整。其次，对删除项目
3、9、15 的量表再次建构验证性因子模型，五维 17 个观测项目的性别角
色观念量表模型整体拟合指标良好，$CMIN/df$ 值小于 5(3.457)，
$RMSEA$ 小于 0.05(0.042)，其他拟合指标值在 0.9 以上。五个维度（潜
变量）之间相关系数接近或大于 0.5，可以认为五维度测量内容之间具有
较好一致性，因此考虑建立五维度二阶模型。最后，建立五维 17 个观测
项目的二阶 CFA 模型，具体模型见图 4-1。模型整体拟合指标均达到
标准，分析结果见表 4-2。

　　如表 4-2 所示，二阶模型的整体拟合指标良好，说明模型较好拟合
了数据。所有一阶因子载荷与五个维度的二阶因子载荷都具有统计显著
性，并且载荷值达到可接受范围（大于或接近 0.3）。性行为角色潜变量
由于只有一个指标载荷，因此将观测指标直接负载于二阶因子社会性别
角色，因子载荷值为 0.667，具有统计显著性。以上检验结果说明调整后
的量表项目均以较高的载荷水平负载于二阶潜变量性别角色，量表具有
较好的结构效度。

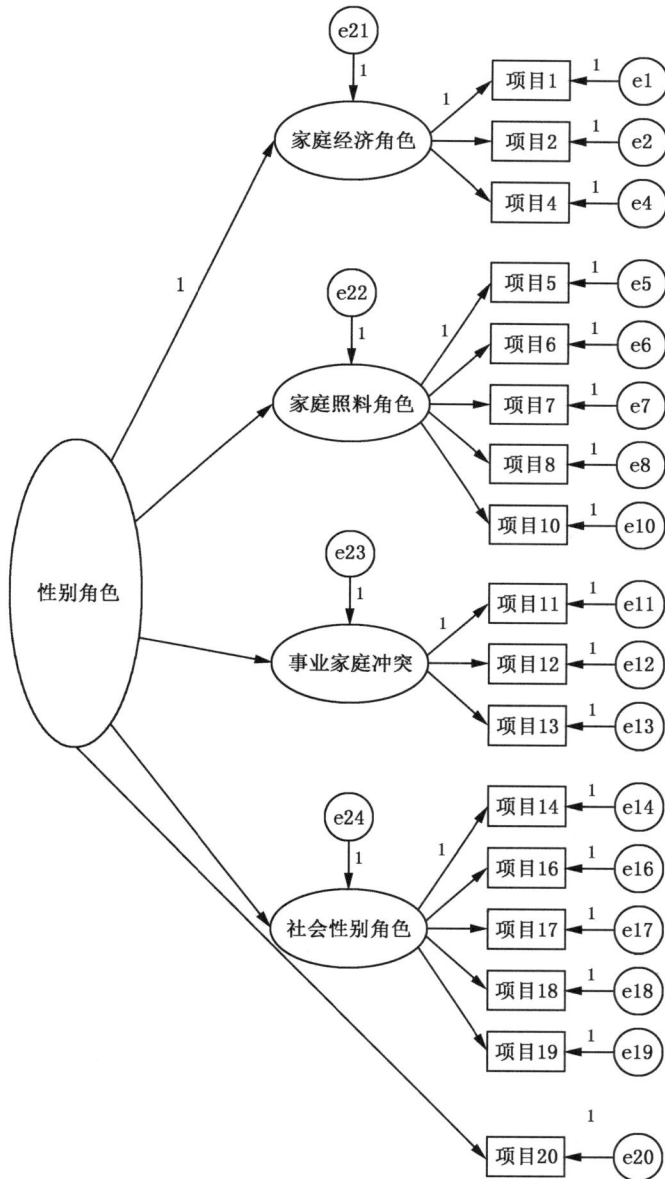

图 4—1 性别角色观念验证性因子分析模型

表4－2　　　　**性别角色观念量表二阶五维模型验证性因子分析结果**

（标准化回归系数）

二阶因子载荷	家庭经济角色	家庭照料角色	事业家庭冲突	社会事务角色	性行为角色
社会性别角色	0.865	0.968	0.886	0.919	0.667
一阶因子载荷					
项目1	0.681	—	—	—	—
项目2	0.290	—	—	—	—
项目4	0.652	—	—	—	—
项目5	—	0.493	—	—	—
项目6	—	0.287	—	—	—
项目7	—	0.623	—	—	—
项目8	—	0.698	—	—	—
项目10	—	0.674	—	—	—
项目11	—	—	0.832	—	—
项目12	—	—	0.819	—	—
项目13	—	—	0.752	—	—
项目14	—	—	—	0.285	—
项目16	—	—	—	0.427	—
项目17	—	—	—	0.387	—
项目18	—	—	—	0.530	—
项目19	—	—	—	0.827	—
模型拟合指标	*CMIN*	*df*	*CMIN/df*	*GFI*	*CFI*
	454.282	112	4.056	0.962	0.958
	NFI	*IFI*	*RMSEA*		
	0.946	0.958	0.046		

注：所有因子载荷都具有0.001水平的统计显著性。

4.1.4　性别角色观念量表建构效度检验

建构效度检验对于量表开发具有重要的意义,梳理文献发现对社会性别角色观念具有预测作用的相关变量,并梳理相关变量与社会性别角色观念的关系类型,然后验证社会性别角色观念量表测量结果与相关变量的关系,从而评估量表的测量有效性。

由于社会性别角色主题被社会学、心理学与人口学等众多学科所关注,因此国内外关于性别角色观念的影响因素已有相对丰富的实证研究基础。国外实证研究对性别角色观念与原生家庭背景、个体的社会经济人口特征之间的关系均有所关注。基于美国综合社会调查(GSS)的实证研究发现,母亲是否就业对子女性别角色态度形成有重要影响,母亲有全职工作,其子女的性别角色更倾向平等与现代(Rindfuss,Brewster & Kavee,1996)。也有研究者发现,受教育程度高的女性,其性别角色观念更趋向现代(Lipset,1960)。

国内性别角色研究从个人社会经济地位出发,也有相对明确一致的发现。大多数研究人员发现,女性的性别角色观念较男性更为现代(李春玲,1996;刘爱玉和佟新,2014;杨菊华等,2014)。父母受教育程度越高、母亲有全职工作,子女的性别角色观念越现代(刘爱玉和佟新,2014);个体受教育水平对现代性别角色水平有正向影响(李春玲,1996;杨菊华等,2014;万江红和闵莎,2014)。对女性而言,经济贡献越大、职业地位越高、家庭权利越大,性别角色观念越现代(刘爱玉和佟新,2014)。以"党员身份"为特征的政治特征也对性别角色有显著影响,党员比非党员具有更现代的性别角色观念(王菲和吴愈晓,2014)。

由于本研究的调查对象为大学生,在被调查者的年龄、受教育程度等方面具有同质性,同时样本描述显示被调查者的政治面貌中,中共党员、共青团员与群众所占比例为 6.8%、88.1%与 5.1%,三种类型对象比例相差悬殊,在检验模型中对年龄、受教育程度与政治面貌不予纳入。模型共纳入生理性别、入学前户籍类型、父母受教育程度与每学期消费额① 4 个预测变量,检验量表的建构效度。性别以 0~1 编码,0 代表女性,1 代表男性;父母受教育程度为连续变量,取值在 0~16,代表母亲受教育年

---

① 大学生群体尚未有自主经济收入,而消费与收入有较为密切的关系,因此以每学期消费作为经济变量的测量指标。

限;入学前户籍以 0～1 编码,0 代表农业,1 代表非农业;每学期消费额代表个体的经济状况,由于大学生无收入,消费水平在一定程度上可以反映其个体的经济状况。

性别角色观念量表共 17 个观测项目,其中 16 个观测项目分别负载于家庭经济角色、家庭照料角色、事业家庭冲突与社会事务角色四个一阶潜变量,1 个观测项目与四个潜变量共同负载于二阶潜变量性别角色,生理性别、户籍、父母受教育程度与每学期消费额 4 个外部变量影响二阶潜变量性别角色观念。检验模型见图 4—2。

模型检验结果见表 4—3,首先考察模型拟合指标,各项整体拟合指标均达到标准,与数据拟合良好。一阶因子的载荷值在 0.288～0.830,均有统计显著性,二阶因子的载荷值见表 4—3,测量模型吻合度较好。

表 4—3　　　　　性别角色观念量表建构效度检验结果

预测变量	标准化回归系数			
生理性别	-0.535^{***}			
入学前户籍	0.018			
父母受教育程度	0.030			
每学期消费	0.007			
二阶因子载荷				
家庭经济角色	0.881^{***}			
家庭照料角色	0.958^{***}			
事业家庭冲突	0.878^{***}			
社会事务角色	0.932^{***}			
性行为角色	0.668^{***}			
模型拟合指标	χ^2	df	χ^2/df	GFI	CFI
	656.085	176	3.728	0.956	0.949
	NFI	IFI	$RMSEA$		
	0.931	0.949	0.044		

注:*** 表示 $p<0.001$。

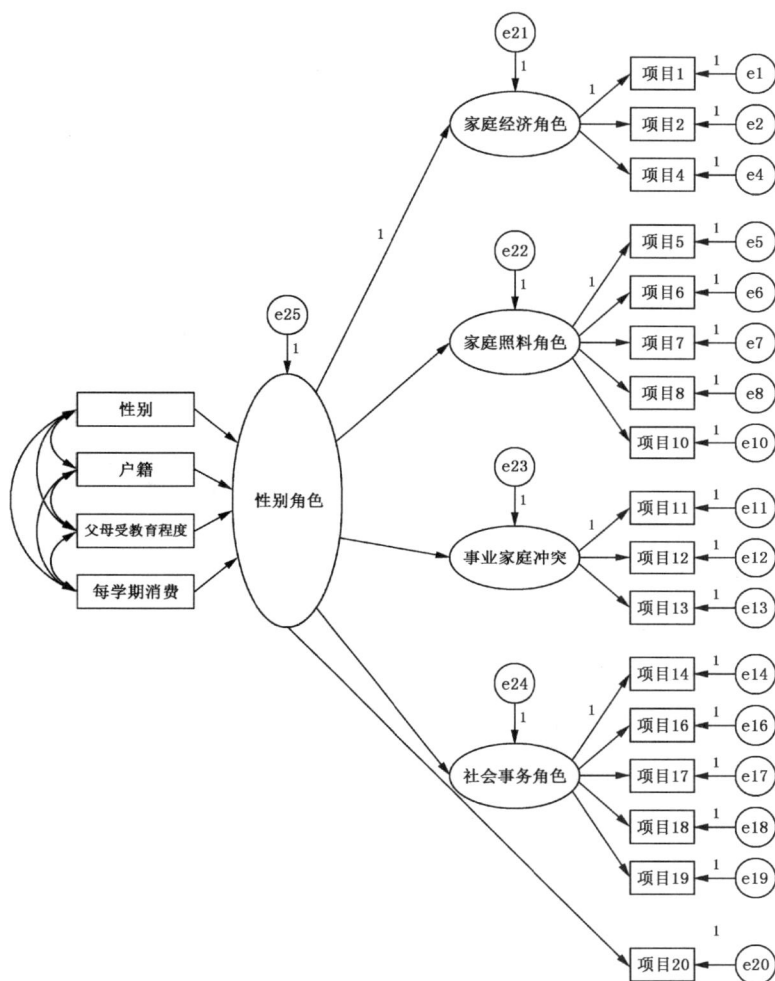

图 4—2　性别角色观念量表建构效度检验模型

　　由表中标准化回归系数可知,生理性别对性别角色观念具有显著影响,系数为负值,说明女性比男性有着更为现代的性别角色观念,与以往研究发现一致。再看标准化回归系数的规模,生理性别与性别角色观念的相关系数达到 0.535,达到中等相关程度,说明生理性别变量可以解释性别角色水平 28.6% 的变异，以此指标可以证明性别角色观念量表具有较好的建构效度。入学前户籍状况对性别角色没有显著影响，通过对该变量的描述性分析可知，入学前为非农业户籍的被调查者占全部样本的比重为 74.6%，这一比例与我国多年来推进城镇化的发展趋势相一致，既往研究中户籍对性别角色态度有显著影响的研究采用了 2010 年的妇女地位调查数据，经过 10 年的发展，我国的城镇化率有了显著提升，城乡之间各方面差距都在逐渐缩小，因此这一结论可以作为户籍状况对性别角色观念影响发生变化的一个佐证。父母受教育程度与每学期消费水平的标准化回归系数均为正值，但并未达到显著性程度。描述分析显示，父母受教育程度均值为 12.39 年，标准差为 3.61 年，高中/职高/中专及以上教育程度的样本占总样本量的 66.4%。这说明对于大学生群体来讲，父母受教育程度分布相对较为集中，调查对象同质性偏高，导致分析结果不显著。

4.2　性别平等态度量表

性别平等态度量表主要关注个体在经济社会结构形塑下形成的关于社会性别秩序的认知，其反映的是个体形成的与社会性别相关的权利、责任与机会的认知图式。

4.2.1　性别平等态度量表项目构成

性别平等态度量表的设计项目共 21 个，涉及家庭权利、工作机会、公共权利、教育机会和经济自由五个维度，详见表 4—4。每个项目分五级评分，分别是"完全不同意""比较不同意""无所谓同意不同意""比较同意""完全同意"。从"完全不同意"到"完全同意"分别赋分为 1～5 分。21个项目中，正向陈述 11 个，被调查者越表示同意，代表越支持不同社会性别之间具有平等的权利、责任与机会。反向陈述 10 个，被调查者越表示同意，代表越支持不同社会性别之间具有不同的权利、责任与机会。

4.2.2　性别平等态度量表的信度检验

对性别平等态度量表进行信度检验,总量表调整后克朗巴赫 α 系数为 0.879,每个子维度克朗巴赫 α 系数见表 4-4,其中家庭权利、工作机会与公共权利的系数均高于或等于 0.7,代表量表测量稳定性良好,而教育机会与经济自由的克朗巴赫 α 系数低于 0.7,尤其是经济自由子维度,可以认为该维度在测量中的稳定性不足,可以在后续检验中进一步观察。从单个观测项目来看,如表 4-4 所示,各个观测项目与量表总分的相关系数(调整后 R_{i-t})在 0.213~0.647。一般认为该系数大于 0.25 表明量表内部一致性良好。全部 21 个项目中,项目 9、项目 17 与项目 20 低于 0.25 的标准值,可以在后续分析中考虑删除。其他 18 个观测项目的一致性系数均在 0.34 以上,内部一致性较好。

表 4-4　　　　　　**性别平等态度量表项目及信度检验结果**

维度	项　目	R_{i-t}	α 系数
家庭权利	项目 1　夫妻双方有权力以相同的理由提出离婚	0.473	0.779
	项目 2　家庭生活中的大多数重要决定应当由家庭中的成年男性做出	0.625	
	项目 3　在抚养孩子方面父亲应当比母亲拥有更大的权利	0.647	
	项目 4　家庭支出应当主要由丈夫决定	0.615	
工作机会	项目 5　各行各业中,女性都应当获得与男性平等的工作机会	0.402	0.73
	项目 6　女性应当在商业乃至所有专业领域取得与男性一样的正当地位	0.51	
	项目 7　工作分配与晋升方面的绩效制度,应当是严格性别无涉的	0.496	
	项目 8　许多工作中,男性在雇佣与晋升时应当优先于女性	0.546	
	项目 9　有工作是女性获取独立的最好方式	0.241	
	项目 10　当工作岗位稀缺时,男性应当比女性有更多的工作权利	0.639	

维度	项　目	R_{i-t}	α 系数
公共权利	项目 11　女性应当与男性一样拥有完全相同的行动自由	0.577	0.696
	项目 12　在解决社会问题方面,女性应当承担起越来越多的领导责任	0.355	
	项目 13　在现代社会中,女性与男性一样有权享有社会规范给予的各种自由	0.561	
	项目 14　与男性一样,女性可以向心仪的人求婚	0.489	
	项目 15　应当鼓励女性结婚以前不应与任何人发生性关系,即使是她们的未婚夫	0.344	
	项目 16　女性骂脏话比男性骂脏话更令人反感	0.461	
	项目 17　当女性与其约会对象在收入上相当时,她们应承担一半的约会花销	0.263	
教育机会	项目 18　相比女儿,家庭里应当更鼓励儿子上大学	0.552	0.631
	项目 19　儿子和女儿应当有平等的机会接受高等教育	0.494	
经济自由	项目 20　对女性而言,经济和社会自由比呈现女性气质更重要	0.213	0.068
	项目 21　平均而言,女性对经济生产的贡献能力是低于男性的	0.369	

4.2.3　性别平等态度量表结构效度检验

根据设计维度对量表进行验证性因子分析,以检验量表的结构效度。具体过程如下:首先,以量表初始五维度 21 个观测项目建立 CFA 模型,在放弃了一定数量的自由度后,模型拟合指标达到标准。其中项目 9、项目 17、项目 20 三项的因子载荷值偏低,分别为 0.21、0.24 和 0.12,结合之前的信度分析结果,考虑删除三项观测项目。另外,第五维度经济自由与其中另两个维度(家庭权利与工作机会)的标准化相关系数超过了 1,说明模型建构不合理,应调整模型结构。基于量表 CFA 检验,结合信度检验结果及观测项目的内容效度考察,最终删除 9、14、15、17、20、21 六项指标,保留其余 15 项。然后,再次建立 CFA 模型,以家庭权利、工作机会、教育机会与公共权利为四个潜变量,考察量表的结构效度。模型总体指标达到拟合标准,$CMIN/df$ 值小于 $5(4.566)$,$RMSEA$ 为 0.050,CFI、GFI、NFI、IFI 值均在 0.9 以上,15 个观测变量的因子载荷值在 $0.34 \sim 0.82$,四个潜变量之间的相关系数在 $0.62 \sim 0.84$,检验结果良好。基于一阶 CFA 模型分析结果,潜变量之间的相关系数均超过 0.5,可以考虑建立二阶模型。最后,建立性别平等态度的二阶四维模型,四个一阶潜变量共同负载于二阶因子性别平等态度,具体模型见图 4—3。

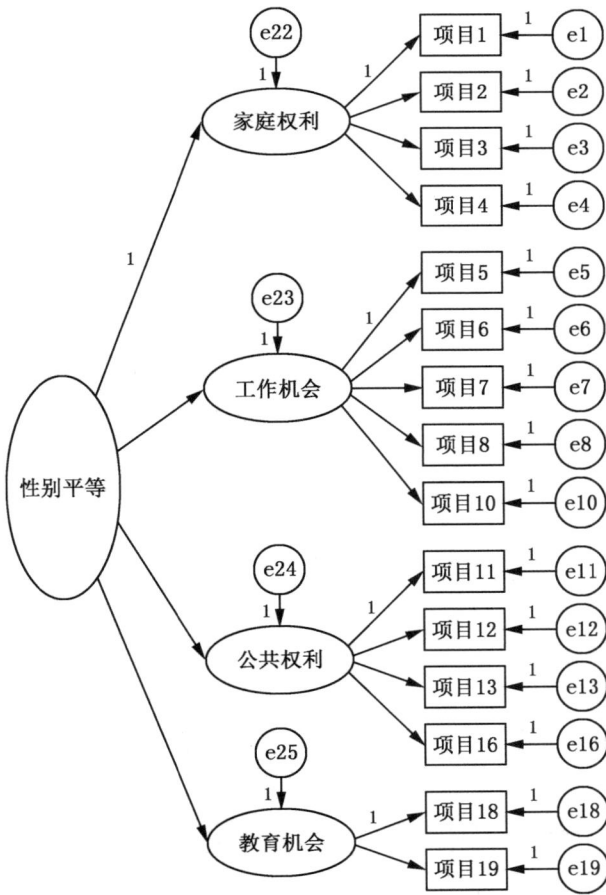

图 4—3　性别平等态度量表二阶验证性因子分析模型

模型检验结果如表4—5所示,模型总体拟合结果良好,所有一阶和二阶因子全部具有统计显著性,一阶因子载荷值在0.343～0.822,二阶因子载荷值最低为0.759,四个一阶潜变量都显著负载于性别平等态度二阶潜变量。该模型结果表明调整后的性别平等态度量表具有较好的结构效度。

表4—5　　　　　性别平等态度量表二阶四维验证性因子分析结果

二阶因子载荷	家庭权利	工作机会	公共权利	教育机会
性别角色	0.886	0.954	0.759	0.814
一阶因子载荷				
项目1	0.458	—	—	—
项目2	0.733	—	—	—
项目3	0.822	—	—	—
项目4	0.745	—	—	—
项目5	—	0.380	—	—
项目6	—	0.485	—	—
项目7	—	0.508	—	—
项目8	—	0.678	—	—
项目10	—	0.785	—	—
项目11	—	—	0.749	—
项目12	—	—	0.343	—
项目13	—	—	0.729	—
项目16	—	—	0.606	—
项目18	—	—	—	0.809
项目19	—	—	—	0.560
模型拟合指标	χ^2	df	$CMIN/df$	GFI
	309.749	68	4.555	0.972
	CFI	NFI	IFI	$RMSEA$
	0.968	0.96	0.969	0.046

注:所有因子载荷都具有0.001水平上的统计显著性。

4.2.4　性别平等态度量表建构效度检验

性别平等一直是女性研究与社会性别研究的核心议题,也是女性运动、性与发展领域的终极目标,关于性别平等的内涵、外延、测量方法、评价标准一直有诸多争论。现有定量研究对性别平等态度的测量主要有两个取向,一是以国家或地区为单位,对一段时间内该区域的两性社会发展状况进行统计、比较,用以评价其性别平等状况。此类研究中用于比较分析的资料通常为宏观层次的客观统计数字,如某时某地的男女预期寿命均值、男女受教育年限均值等,典型的如 2006 年起世界经济论坛每年发布的"全球性别差距指数"(GGGI),对一国或地区的男女两性在经济地位、受教育程度、政治赋权及健康生存等方面进行比较,再比如经济合作与发展组织(OECD)发布的社会制度和性别指数(SIGI),关注家庭规范、身体自主权、男孩偏好、资源与资产的有限性、受限的民权等维度下男女两性的权利状况。二是以个体为单位,通过对男女两性在社会结构、社会关系中的地位、机会、权利状况进行比较,以反映性别平等水平。此类研究多采用微观的抽样调查数据,收集被调查者的主观态度用以比较分析。两种取向的测量对于我们了解性别平等的现状、理解性别平等的原因都有重要价值,两类研究发现也经常相互印证,如统计指标显示城市比农村在性别平等方面更为显著,而在主观态度方面城市居民比农村居民表现出更强的性别平等态度。另外,文献梳理结果显示,生理性别之间存在性别平等态度的差异,有研究人员提出由于女性更能从性别平等政策或行为中获益,因此一般来说与男性相比,女性持更强的性别平等态度(Beere *et al.*,1984)。

因此,本研究纳入生理性别、户籍类型、母亲受教育程度和每学期消费额(作为经济层面指标)4 个外部变量进入建构效度检验模型。性别以 0～1 编码,0 代表女性,1 代表男性;入学前户籍以 0～1 编码,0 代表农业,1 代表非农业;母亲受教育程度为连续变量,取值在 0～16,代表母亲受教育年限;每学期消费额代表个体的经济状况,由于大学生无收入,消费水平在一定程度上可以反映其个体的经济状况。性别平等态度量表得分越高越支持性别平等。

性别平等态度量表的 15 个观测项目负载于四个一阶潜变量,四个一阶潜变量共同负载于性别平等态度二阶潜变量,四个外部变量分别作用于性别平等态度二阶潜变量,具体模型见图 4—4。

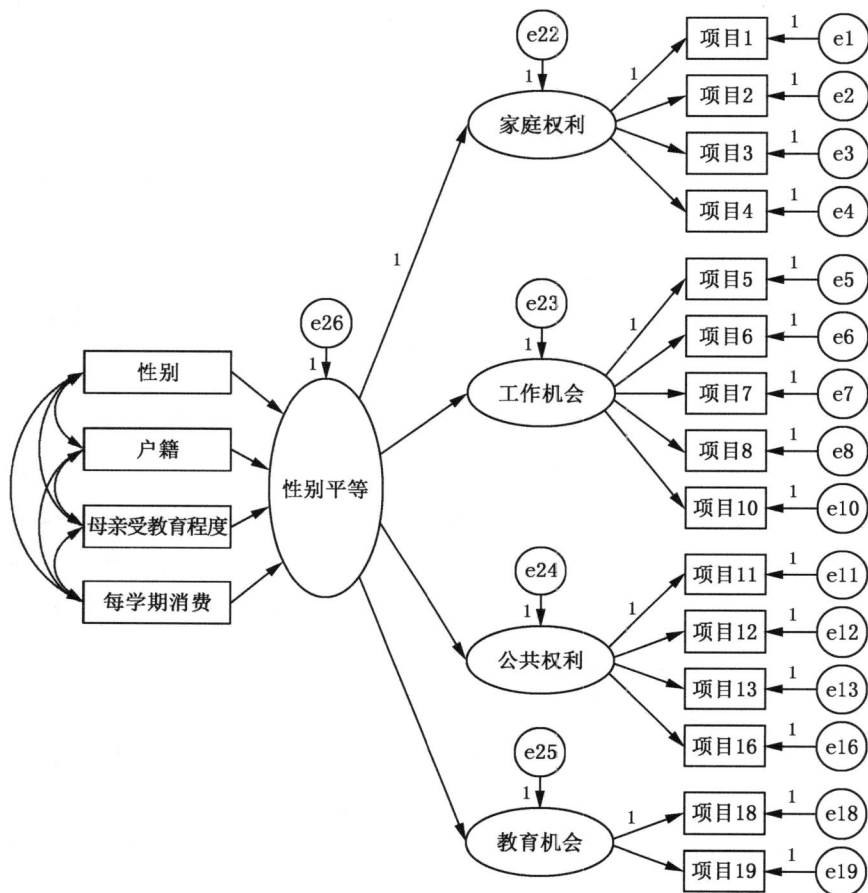

图4—4　性别平等态度量表建构效度检验模型

　　模型检验结果显示,模型总体拟合指标良好,各项指标均达到标准,一阶因子均以较高载荷负载于二阶因子,量表内部一致性与结构效度较好。从外部变量与二阶因子性别平等的标准化回归系数来看,不同生理性别之间存在性别平等态度的显著差异,生理女性的平等态度水平显著高于男性,这一结果与既往研究的发现一致,说明该性别平等态度量表具有较好的建构效度。在控制住户籍、母亲受教育程度与每学期消费的情况下,生理性别与性别平等态度差异的标准化回归系数达到 0.549,说明生理性别是性别平等的重要解释变量。入学前户籍、母亲受教育程度及每学期消费对性别平等态度没有显著影响。具体分析结果详见表 4-6。

表 4-6　　　　　　　性别平等态度量表建构效度检验结果

预测变量	标准化回归系数			
性别	-0.549***			
入学前户籍	0.038			
母亲受教育程度	0.010			
每学期消费	-0.002			
二阶因子载荷				
家庭权利	0.900***			
工作机会	0.935***			
公共权利	0.755***			
教育机会	0.811***			
模型拟合指标	χ^2	df	χ^2/df	GFI	$AGFI$
	529.022	124	4.266	0.962	0.941
	CFI	NFI	IFI	$RMSEA$	
	0.954	0.941	0.954	0.048	

注:*** 表示 $p < 0.001$。

4.3　性别气质呈现量表

性别气质呈现量表关注个体在社会化过程中,经由社会性别文化规范影响呈现出的性别气质特征,它反映个体践行社会性别文化规范要求的程度。

4.3.1　性别气质呈现量表项目构成

经过德尔菲法专家法检验,性别气质呈现量表采用贝姆(Sandra Bem,1974)提出的性别角色特征量表(Bem Sex Role Inventory Scale,简称 BSRI 量表)。在对个体性别气质的认识中,长久以来男性气质与女性气质被概念化为一个连续统一体的两端,一个人必须是男性化的或女性化的,但不能两者都是。但贝姆提出,这种简单的性别二分法掩盖了许多人可能是"双性同体"的事实,即他们可能既有男性特征也有女性特征,既有工具性特征又有表达性特征,它取决于个体所处的社会情境,贝姆据此提出了测量这一定义的 BSRI 量表。BSRI 量表中的性别特征形容词以社会期望的男女特征为测量目标,如果一个特征被社会期待在男性中比在女性中更受欢迎,这个特征就是男性化的,反之一个特征被社会期待在女性中比在男性中更受欢迎,它就是女性化的。

　　BSRI 量表最初设计由 60 个描述性别特征的形容词构成,其中女性特征、男性特征各 20 个,另有 20 个中性形容词。但由于中性形容词被报告缺乏区分效度,因此大部分研究选用仅有女性特征形容词与男性特征形容词的测量结构。目前常用的量表计分方法为中位值分类法,将男性特征与女性特征都高于中位值的个体归为双性化类型,两种特征得分都低于中位值的个体归为未分化类型,其中一个特征得分高,另一个特征得分低的人分别属于男性化类型或女性化类型。BSRI 量表具有良好的信效度,自提出以来一直是性别气质研究中最常使用的测量工具,也是其他测量工具进行比较的校标(周展凤、杨小敏和徐翠兰,1999)。BSRI 量表的应用使性别气质脱离了男女二分的简单分类形式,但是根据得分将性别气质划分为无序的四分类变量,仍然没有摆脱性别气质的分类变量属性。笔者认为性别气质在个体身上的呈现并非类别化的,而是程度性的,即个体根据社会情境的差异,可能同时呈现出较强程度的男性特征与较弱程度的女性特征,或者较弱程度的男性特征与较强程度的女性特征,如果把这种表现以类别形式定义为男性化的或者女性化的,那么会人为"裁剪"掉个体性别特征的大量信息,忽略同一性别类型(男性化或女性化)内部的程度差异。因此,为更精确地测量性别气质呈现水平,笔者认为应同时保留对男性特征与女性特征两种指标的连续性取值。本研究对性别气质呈现的测量体现在男性特征的连续取值与女性特征的连续取值两个维度。

　　本研究选用 BSRI 量表中的男性气质与女性气质各 20 个形容词,要求被调查者对每个形容词在自己最近一年的生活、学习、社会交往中的展现程度打分,0 表示完全没有,1 表示很低程度,2 表示较低程度,3 表示一般程度,4 表示较高程度,5 表示很高程度。最高分为 5 分。各个特征之间具有平等关系,每位被调查者的男性特征得分与女性特征得分分别算数求和,分别表示个体在男性特征与女性特征方面的得分,得分越高,说明越具有该性别类型特征。量表的这一设计也得到了德尔菲咨询法各位专家的支持,全部项目的总平均值为 6.14 分(满分 10 分),标准差为 1.05分。各项目得分均值在 2.75～8.00 分,标准差在 1.77～3.37 分,仅有个人主义的(2.75)、可以取悦的(4.00)、坚守自己信念的(4.75)、有坚强个性的(4.75)、愿意表达立场的(4.75)5 个项目的均值评分在 5 分以下,均值 5 分以上的占全部项目的 85%。出于对量表整体结构的考虑,在本次调查中保留了全部 40 个测量项目,在工具检验阶段再根据量表的信/效度情况做出调整。

4.3.2　性别气质呈现量表信度检验

性别气质呈现量表的克朗巴赫 α 系数计算结果显示,总量表系数值为 0.904,男性气质分量表与女性气质分量表系数值分别为 0.904 与0.875,说明总量表与分量表均具有良好的内部一致性。但是从两个分量表的比较来看,女性气质分量表的信度系数略低于男性气质量表与总量表,分析其原因可能与性别特征随时间发生变迁有关。自 BSRI 量表提出已有近半个世纪,此间女权运动浪潮持续推进,全社会的女性地位、女性特征与量表提出之初相比都发生了很大变化,许多原本属于女性气质的特征在当代被认为更具中性化或一般化意义,因此可能导致女性气质量表内部一致性略低。

具体来看量表各个观测项目,首先,对性别气质呈现量表的各个观测项目进行了分辨力分析。针对全部观测项目,计算每个被调查者的量表总分,将被调查者量表总分从高到低排列,抽取总分最高的 25% 与总分最低的 25% 形成高分组与低分组,对每个项目得分进行高分组与低分组

之间的 t 检验,检验结果显示,各个项目在高低分组得分全部存在显著差异($p<0.001$),说明量表各观测项目具有较好的分辨力。

其次,各观测项目的基本情况及与分量表总分的相关情况如表 4—7 所示。男性气质量表项目均值在 2.110～3.920 分,标准差在 0.914～1.249 分,各项目与男性气质分量表总分的相关系数在 0.182～0.557,以 R_{i-t} 大于 0.25 作为临界标准,男性气质分量表有两个项目(富有攻击性的与个人主义的)低于标准要求。女性气质量表项目均值在 2.440～4.000 分,标准差在 0.906～1.397 分,各项目与女性气质分量表总分的相关系数在 0.139～0.551,5 个项目的 R_{i-t} 值低于 0.25,分别是女性化的、容易受骗的、羞涩的、轻声细语的与顺从的。对于以上 7 个未达 0.25 标准的观测项目,可以在后续效度检验后综合判断是否需要删除。

表 4—7　　　　　　　性别气质呈现量表信度检验结果

维　度	项　目	均值	标准差	R_{i-t}	α 系数
男性气质	作为领导者的	2.830	1.170	0.451	0.904
	富有攻击性的	2.110	1.249	0.182	
	有雄心的	3.140	1.153	0.491	
	善于分析的	3.660	0.914	0.463	
	有主见的	3.690	0.953	0.451	
	健壮的	2.800	1.227	0.327	
	有竞争力的	3.210	1.059	0.534	
	坚守自己信念的	3.860	0.930	0.444	
	占据支配地位的	2.920	1.067	0.500	
	强有力的	2.990	1.048	0.557	
	有领导能力的	3.090	1.130	0.529	
	独立的	3.920	0.932	0.417	
	个人主义的	2.860	1.224	0.217	
	果敢的	3.240	1.048	0.495	
	男子气概的	2.990	1.246	0.276	
	自立的	3.800	0.964	0.490	
	自足的	3.350	1.155	0.461	
	有坚强个性的	3.730	0.956	0.533	
	愿意表达立场的	3.640	1.014	0.509	
	愿意承担风险的	3.560	1.020	0.511	

维　度	项　目	均值	标准差	R_{i-t}	α 系数
女性气质	富有感情的	4.000	0.938	0.498	0.875
	爽朗的	3.810	0.953	0.532	
	天真无邪的	3.330	1.183	0.460	
	有同情心的	3.960	0.933	0.501	
	不讲刺耳话的	3.500	1.177	0.279	
	乐于抚慰受伤情感的	3.730	1.086	0.456	
	女性化的	2.900	1.397	0.210	
	可以取悦的	3.280	1.034	0.421	
	文雅的	3.250	1.043	0.470	
	容易受骗的	2.440	1.308	0.141	
	喜爱小孩的	3.010	1.446	0.326	
	忠诚的	3.830	0.960	0.433	
	对他人的需要敏感的	3.640	1.039	0.379	
	羞涩的	2.870	1.190	0.139	
	轻声细语的	2.730	1.216	0.212	
	有同情心的	3.830	0.957	0.465	
	温柔的	3.410	1.038	0.489	
	善解人意的	3.770	0.906	0.551	
	热心的	3.780	0.968	0.493	
	顺从的	2.800	1.152	0.214	

4.3.3　性别气质呈现量表结构效度检验

性别气质呈现量表的结构效度检验分两步进行：第一，分别对男性气质与女性气质两个分量表进行验证性因子分析，检验观测项目对两个性别气质分量表的因子载荷情况；第二，将两个分量表纳入同一模型，检验两种性别气质之间的相关性。

两个分量表的验证性因子分析结果如表 4—8 所示。由于观测项目均为描述个体性别特征的形容词，其测量内容相近，可能受到来自个体之外其他因子的共同影响，因此，观测项目残差之间允许相关。在牺牲一定自由度的基础上，两个性别气质分量表均达到了模型拟合标准，实现了数据与模型的拟合。从各个观测项目的因子载荷来看，男性气质量表的项目 2(0.286)与项目 13(0.284)因子载荷值略低于 0.3,其他项目因子载荷值均在 0.4 以上,女性气质量表的项目 30 因子载荷值显著低于 0.3。以肖晨阳和邓拉普(2007)将 0.3 作为一阶因子载荷值、将 0.5 作为二阶因子载荷值的可接受标准来判断,女性气质中的项目 30(容易受骗的)应予删除,男性气质中的项目 2(富有攻击性的)与项目 13(个人主义的)由于四舍五入达到 0.3 的标准,可以考虑保留在量表中。综合考虑之前德尔菲专家咨询法与量表信度检验的结果,将男性气质量表中载荷最低的项目 13(个人主义的)与女性气质量表中的项目 30(容易受骗的)予以删除,形成男性气质 19 个、女性气质 19 个,共 38 个观测项目的性别气质呈现量表。

表 4—8　　　　　　　性别气质呈现量表结构效度检验结果

分量表	观测项目	分量表因子载荷	分量表	观测项目	分量表因子载荷
男性气质呈现	项目 1	0.537	女性气质呈现	项目 21	0.521
	项目 2	0.286		项目 22	0.433
	项目 3	0.596		项目 23	0.484
	项目 4	0.561		项目 24	0.628
	项目 5	0.629		项目 25	0.398
	项目 6	0.417		项目 26	0.628
	项目 7	0.679		项目 27	0.333
	项目 8	0.597		项目 28	0.471
	项目 9	0.584		项目 29	0.501
	项目 10	0.705		项目 30	0.218
	项目 11	0.613		项目 31	0.409
	项目 12	0.544		项目 32	0.537
	项目 13	0.284		项目 33	0.514
	项目 14	0.653		项目 34	0.303
	项目 15	0.432		项目 35	0.333
	项目 16	0.576		项目 36	0.677
	项目 17	0.485		项目 37	0.620
	项目 18	0.591		项目 38	0.727
	项目 19	0.590		项目 39	0.605
	项目 20	0.585		项目 40	0.377

续表

分量表	观测项目	分量表因子载荷	分量表	观测项目	分量表因子载荷
模型拟合指标			模型拟合指标		
χ^2	χ^2/df	GFI	χ^2	χ^2/df	GFI
635.437	4.605	0.955	606.833	4.462	0.958
CFI	NFI	$RMSEA$	CFI	NFI	$RMSEA$
0.957	0.945	0.050	0.946	0.932	0.049

对删除项目 13 与项目 30 的性别气质呈现量表再次进行验证性因子分析结果显示，各删除一个观测项目后，剩余项目的因子载荷值或有不同程度的上升，或保持不变，模型总体卡方值下降，其他各项拟合指标有不同程度的增加，没有指标下降。两个分量表的信度系数没有显著变化。

将两个性别气质分量表纳入同一个模型，前 19 个观测项目负载于男性气质潜变量，后 19 个观测项目负载于女性气质潜变量，潜变量之间斜交设置。分析结果显示，模型整体拟合良好，$CMIN/df$ 值为 4.596，$RMSEA$ 值为 0.050，NFI、CFI、GFI 值均在 0.9 以上。相较之前两个分量表单独进行 CFA 检验的结果，各观测项目的因子载荷值保持不变或有不同程度降低，其中项目 2（富有攻击性的）、项目 34（羞涩的）的因子载荷值降至 0.3 以下，分别为 0.255 与 0.279，但仍在可接受范围内，其他项目因子载荷值均保持在 0.3 以上。根据量表最初的设定，男性气质与女性气质应是彼此不相关的两种性别特征，而本研究结果显示男性气质潜变量与女性气质潜变量之间的相关系数为 0.416，一方面说明两个潜变量所分别代表的气质类型有所差异，反映了性别气质的不同方面，另一方面相关系数的绝对数值也提示我们，随着社会文化的发展与变迁，在更为年轻的一代人身上，贝姆量表所代表的男性气质与女性气质有逐渐融合的趋向。

4.3.4　性别气质呈现量表建构效度检验

性别气质呈现量表效度检验，生理性别、政治身份、父亲受教育程度与经济状况等预测变量对两种性别气质的影响不同(见表4-9)。

表 4—9 性别气质呈现量表建构效度检验结果

预测变量	标准化回归系数			
	男性气质		女性气质	
生理性别(男性=1)	0.070*		—0.119***	
是否党员(党员=1)	0.067*		0.049	
父亲受教育程度	0.060*		—0.130	
每学期消费	0.115***		0.023	
模型拟合指标	χ^2	df	χ^2/df	GFI	$AGFI$
	3 328.518	735.000	4.529	0.903	0.881
	CFI	NFI	IFI	$RMSEA$	
	0.882	0.854	0.883	0.050	

注:*、**、*** 分别表示 $p<0.05$、0.01、0.001。

在男性气质特征方面,预测变量对气质特征的影响均具有显著性。生理男性、党员、父亲受教育程度越高,每学期平均消费额越多,男性气质水平越高,从影响程度看,每学期平均消费额对男性气质的影响程度最大,标准回归系数为0.115,其次男性的被调查者呈现比女性更高的男性气质特征。这一研究结论与既往文献发现具有一致性,即生理性别对性别气质有显著影响,但生理性别对男性气质的标准化回归系数为0.070,其方差解释力较低,进一步说明男性气质的差异并不以生理性别为主要基础,而受到更多生理性别之外的因素影响,比如经济地位(每学期平均消费额)、家庭成员(父亲受教育程度)、社会地位(政治身份)。在女性气质特征方面,仅生理性别对女性气质的影响具有统计显著性,女性的女性气质特征显著高于男性,标准化回归系数为0.119,同既往文献的结论一致,但与男性气质相同,生理性别对女性气质的方差解释力也较低,不是女性气质形成的主要影响因素。另外,可以注意到,父亲受教育程度对女性气质的形成具有反向影响,尽管回归系数未达统计显著性标准,但从系数方向可以了解女性气质形成与父亲特征之间的关系,为性别气质的家庭社会化提供更进一步的理解。

　　对性别气质特征的男性差异进行方差分析,结果表明,在男性气质的全部离差平方和中,生理性别间(组间)离差平方和为 1 616.225,仅占全部离差平方和的 0.76%,女性气质结果中,组间离差仅占全部离差的2.00%,说明生理性别内部的性别气质差异占性别气质差异的绝大部分,分析结果见表 4—10。

表 4—10　　　　　性别气质的生理性别差异方差分析结果

	方差来源	平方和	自由度	均方	F 值	P 值
男性气质	组间	1 616.225	1	1 616.225	10.879	0.001
	组内	210 215.325	1 415	148.562		
	全部	211 831.55	1 416			
女性气质	组间	3 248.09	1	3 248.09	28.94	0.000
	组内	158 814.018	1 415	112.236		
	全部	162 062.107	1 416			

4.4　小　结

　　本章采用验证性因子分析与结构方程模型依次对社会性别三维度量表进行了信度、结构效度及建构效度检验,检验结果显示三个量表的信度系数在 0.873~0.904,有较好的测量稳定性。量表效度检验结果发现,在删除个别观测项目后,量表均显示了较好的结构效度,建构效度检验结果支持性别气质呈现测量与以往研究发现具有一致性。根据检验结果,本研究对个别测量结果不理想的项目做出了调整,调整前后的量表结构如表 4—11 所示。

表 4—11　　　　　　　　　社会性别测量量表结构汇总表

社会性别	原量表	调整后量表
性别角色观念	五维 20 个指标	五维 17 个指标
性别平等态度	五维 21 个指标	四维 15 个指标
性别气质呈现	一维(女性气质)20 个指标	一维(女性气质)19 个指标
	一维(男性气质)20 个指标	一维(男性气质)19 个指标

　　总体来看,我们可以认为性别角色观念、性别平等态度与性别气质呈现三个量表较为稳定、有效地测量了社会性别概念的内涵,可以在后续统计分析中作为社会性别概念的操作化结果予以应用。

第 5 章　社会性别与生态世界观

在历史的滚滚长河里，人类关于世界的理解和认识总是在不断深化、演进。1962 年 9 月 27 日，美国海洋生物学家蕾切尔·卡逊出版了《寂静的春天》一书，通过生动的描写揭示了人类施加于自然界的巨大负面影响。卡逊充满忧虑地写道："如果杀虫剂的使用再不加以节制，人类对环境的破坏就仍将持续，那么在她窗外歌唱的鸟儿也会渐渐消失，春天将会是一派了无生气的景象（是所谓'寂静的春天'），而人类健康最终也将遭到反噬。"该书一经出版，便在《纽约时代》畅销书排行榜上盘踞 31 周之久，在美国社会掀起了热烈讨论，迫使美国政府开始审视第二次世界大战结束以来美国农业生产中农药的大量使用带来的不利生态影响。该书观点的广泛传播，开创性地引发了美国和许多西欧国家民众对人类与生态环境关系的深刻反思，由此开启了 20 世纪六七十年代轰轰烈烈的环境运动浪潮。随着环境运动的深入，在全球社会范围内，一种批判人类对自然环境的压迫、倡导将人类作为自然界一部分的世界观开始大范围流行。正如著名社会学家曼纽尔·卡斯特（Manuel Castells，2000：694）指出的那样，进入 20 世纪后半叶，科学知识的进步正在重新定义工业时代以来人类社会与自然的关系，"一种深层的生态意识正在席卷人类心灵，影响着我们的生活、生产、消费以及认识我们自己的方式"。更有学者认为，人类意识到自身是自然界的一部分是人类思维的又一次重大革命，其意义丝毫不亚于哥白尼对"地心说"的挑战以及达尔文的"进化论"带给人类世界观的猛烈冲击(Bechtel,2000)。

在环境社会科学领域,研究人员倾向于将这一波世界观革命视为现代环保主义的起源,并普遍认为这些新兴的世界观——生态世界观(Ecological Worldviews)——代表了最基础的一类环境关心。本章关心的正是生态世界观这样一种一般性环境关心的社会性别差异。已有研究发现生理意义上男性与女性的生态世界观具有怎样的差异? 生态世界观又是否会由于社会性别特征的不同而有所差异? 如果有,究竟是什么样的差异? 这些正是本章试图要重点回答的问题。

5.1　生态世界观及其生理性别差异研究

生态世界观,也叫环境态度(Environmental Attitudes)、环境信念(Environmental Beliefs)、环境价值观(Environmental Values),指的是"人们关于整个世界的运作以及人类之于自然的角色的概念图式"(Hernández et al.,2010:86),即关于人与自然关系的一种理解方式。一般认为,生态世界观可以细分为人类中心主义(Anthropocentrism)和生态中心主义(Ecocentrism)两种理想类型。基于西方社会的现实,卡顿和邓拉普(Catton & Dunlap,1980)总结了人类中心主义这类生态世界观的四项基本认识:一是人类与其他生命存在具有根本性的差异;二是人类具有自由意志和"个人能动性";三是世界为人类增长提供了无限的机会;四是人类历史前进的征程永远不会止步。在许多环境研究者看来,人类中心主义世界观所建立的是一种功能性的、功利主义的人与环境关系,是从人的立场来定义环境质量,主张人对自然的征服与掠夺,这正是工业化以来自然环境不断恶化的深层社会原因(Kotenkamp & Moore,2001;Schultz,Zelezny & Dalrympe,2000)。

与人类中心主义相反,生态中心主义的生态世界观将人类仅仅看作生态系统的一个部分。正如生态学家奥尔多·利奥波德(Aldo Leopold)在《土地伦理学》一书中阐述的那样,生态中心主义的核心立场是将人类视为地球上生物群落或生命共同体的成员，人与环境的关系必须基于这一立场被重新反思（Leopold，1949）。大体上，生态中心主义的生态世界观也可以总结为如下四点主要内容：一是存在一个将生物群落的不同组成部分联系起来的复杂网络（即生态系统），在该网络下，一些组成部分的运行（和生存）取决于其他组成部分；二是只有那些维持了生态系统与群落完整性、稳定性的行动才是"正确的"；三是对"人类例外性"（Human Exceptionality）原则的拒斥；四是倡导一种以尊重自然和非人类生命形式多样性的态度（Attfield，1994）。

对生态中心主义生态世界观的概念化和测量构成了早期环境关心研究的主要内容。其中，邓拉普等人于 1978 年创建的"新环境范式"（New Environmental Paradigm，NEP）以及在此基础上于 2000 年重新推出的"新生态范式"（New Ecological Paradigm，NEP）对于推动环境关心研究走向系统化、全球化发挥了重要作用（Dunlap & Van Liere，1978；Dunlap et al.，2000）。根据邓拉普（Dunlap，2008）本人的回忆，新环境/生态范式最初是作为与主流社会范式（Dominant Social Paradigm，DSP）相对立的一种世界观被提出的。所谓主流社会范式，即西方社会个体和社会理解世界的一种主导世界观，带有浓厚的人类中心主义色彩：它强调个人主义和自由放任的政府，笃信进步、物质富足以及增长的好处，对科学和技术的功效充满信心，并将自然视为某种被征服的对象。与之相反，新环境/生态范式强调增长极限的存在，倡导维持自然平衡的重要性，拒绝将自然的存在视为主要是为了人类使用的这样一种人类中心主义观念。不难看出，新环境/生态范式代表了彼时西方社会正在兴起的一类新的生态世界观，是植根于个人信仰体系深层的环境关心，反映了公众对人与自然关系认识的一种彻底转变。

为了明确公众在多大程度上拥抱这种新型生态世界观，邓拉普等人还专门开发了相应的测量工具——NEP 量表，这也是目前使用最为广泛的生态世界观测量工具（洪大用、范叶超和肖晨阳，2014）。1978 年最初版本的 NEP 量表只有 12 个测量项目（Dunlap & Van Liere，1978）。为跟进环境科学研究的最新进展以及环境问题的新趋向,邓拉普等人又于2000 年对量表内容进行了修订,量表的测量项目也相应扩充为 15 个(Dunlap *et al*.,2000)。迄今为止,NEP 量表信度和效度水平均已得到充分验证(Grendstad & Wollebaek,2001;Johnson,Bowker & Cordell,2004;Olli,Milfont & Duckitt,2004;Thapa,2001)。霍克罗夫特和米尔方特(Hawcroft & Milfont,2010)通过对 36 个国家 69 项研究中 NEP 量表的使用形式进行元分析,发现不同版本的 NEP 量表在各国应用的克朗巴赫 α 系数平均为 0.68(标准误差为 0.11)。此外,量表具有良好的建构效度与预测效度,与年龄、受教育程度、收入、政治倾向等存在显著相关关系,能够区分环境保护主义者和非环境保护主义者,与支持促进环境政策、世界生态问题严重程度等一般性环境指标高度相关,或可以预测亲环境行为等(Dunlap *et al*.,2000;Kortenkamp & Moore,2006)。

　　NEP 量表的问世及其后修订的不同版本量表促进了生态世界观这样一种最基础的环境关心研究的进展。在最新的一项研究中,肖晨阳、邓拉普和洪大用(Xiao,Dunlap & Hong,2019)等人基于中、美两国调查数据的比较分析结果指出,NEP 量表测量的生态世界观是环境关心最重要的来源。大体上,基于 NEP 量表的生态世界观研究可以分为两类:一类是关于生态世界观的社会心理基础的研究,尝试探讨新环境/生态范式与其他社会文化观念的亲和性或竞争性(例如,Schultz & Zelezny,1999;Stern,Dietz & Guagnano,1998);另一类则是考察不同社会人口特征的人群对新环境/生态范式的接纳程度,旨在探明环境保护的社会基础及其历时性变化。在后一类研究线索中,研究者们利用不同的研究数据考察了生理性别、年龄、种族、居住地、政治倾向、社会经济地位等多种社会人口变量对 NEP 量表得分的影响。

　　关于生理性别与 NEP 量表得分的大多数研究发现认为,女性的NEP 量表得分整体上似乎要高于男性(例如,Zelezny,Chua & Aldrich,2000;Xiao & Dunlap,2007)。这表明,女性似乎要比男性更为接纳新环境/生态范式这样一种生态世界观。但也有相当多的研究对这一关系的稳定性提出了质疑。一些研究报告,在生理性别的意义上,男性与女性的 NEP 量表得分没有呈现出显著差异(例如,Scott & Willits,1994;Vikan et al.,2007);而另一些研究则发现,男性的 NEP 量表得分要显著高于女性(例如,Arcury & Christianson,1990;Shen & Saijo,2008)。21 世纪以来,NEP 量表被引入中国大陆(内地)地区的许多社会调查,但关于生理性别与 NEP 量表得分的研究发现也存在较大分歧:有研究报告 NEP 量表得分不存在显著的生理性别差异(例如,冯麟茜,2010;范叶超,2017);一些研究则报告存在显著生理性别差异,但影响方向却并不确定(例如,洪大用和肖晨阳,2007)。整体来看,目前关于生理性别与 NEP 量表测量的生态世界观之间关系的研究尚存在许多争议,还未形成一致的结论。

如第 2 章所述,已有研究试图通过理解生理性别与生态世界观之间的作用路径来解释现有的研究发现,主要的解释路径(性别社会化与性别社会结构)表明研究人员认为个体的生态世界观变异并不能由生理性别本身得到有效解释,而是由个体的社会性别特征直接影响。因此,在既有研究的基础上,本章拟超越男女二元的生理性别测量方式,直接采用多元、连续的社会性别测量方式,重新审视社会性别与生态世界观之间的关系,探索化解既有研究分歧的可能路径。

5.2 研究假设与分析策略

5.2.1 研究假设

如前所述,本研究拟从性别角色观念、性别平等态度和性别气质呈现三个维度来超越二元的生理性别测量,即社会性别的测量。从测量内容来看,社会性别的不同维度整体上与新生态范式代表的新型生态世界观具有诸多内在的亲和性。

首先,性别角色观念代表社会规范对于个体有关性别的行为与态度规制,是性别价值观念在劳动分工领域的体现。现代性别角色观念与传统性别角色观念相比,呈现出多元化与平等倾向特征,这与反对人类支配和压迫自然环境的生态世界观基本一致,由此提出假设1。

假设1:大学生的性别角色观念越趋于现代、多元,越倾向于接纳新生态范式。

其次,性别平等态度测量个体对两性在家庭、社会等领域具有的地位、权利的态度。对性别平等理念的支持,与新生态范式倡导的人与其他生物具有平等生存权之价值相一致,据此提出假设2。

假设2:大学生的性别平等态度越强烈,越倾向于接纳新生态范式。

再次,性别气质代表个体在社会文化规范约束下,展现出的社会性别态度与行为。在现实生活中,个体可能呈现与传统性别文化规范要求相一致的性别气质,也可能呈现与传统性别文化规范要求不同的性别气质,体现了传统性别文化①对个体行为约束力的差异。个体的性别气质越多元、越不遵循传统社会性别规范,代表个体的性别气质越反传统。而在对待环境的态度方面,传统社会中,人们以经济增长为目标利用和改造自然,以人类发展的需要为中心使用自然资源,对环境资源的态度以工具化和对象化为主。相对的,生态中心主义的世界观认为人类并非自然环境的主人,坚持人类与自然界其他物种的平等共生关系,强调生态系统对人类自身发展具有限制作用,这一世界观挑战了人类中心主义的传统价值规范。性别气质的多元或反传统,同新生态范式所测量的生态中心主义的世界观一样,体现了对传统价值观念的挑战或反叛,据此提出假设3。

假设3:大学生的性别气质呈现越多元、越反传统,越倾向于支持新生态范式。

5.2.2 分析策略

本章拟采取的分析策略如下。首先,我们将基于三所高校的问卷调查

---

① 传统性别文化指我国封建社会以来以宗法制度为载体建立并发展起来的男性中心主义文化。它强调男性的中心地位,女性不占有生产资料,经济上必须依附男性,这种不平等关系广泛存在于政治、法律、文化、教育、社会地位、伦理道德、婚姻、家庭及风俗习惯等各个方面,其观念得到社会各个层面的广泛认同。

数据考察 NEP 量表的应用情况,以确定比较生态世界观的研究工具。接着,我们将考察传统的二元生理性别测量下大学生生态世界观的生理性别差异,作为比较研究的基础。进一步,我们将从性别角色观念、性别平等态度、性别气质呈现三个维度分别考察大学生的社会性别与生态世界观之间的关系,并与生理性别测量下的发现对比,形成本章的研究结论。

5.3　生态世界观的测量:新生态范式

　　本书选择邓拉普等 2000 年提出的新生态范式量表(NEP 量表)作为生态世界观的测量指标。该版 NEP 量表共有 15 个观测项目(详见表 5-1),从五个不同维度测量新生态范式:对自然平衡的看法(第 3、8、13 项)、对人类中心主义的看法(第 2、7、12 项)、对人类例外主义的看法(第 4、9、14 项)、对生态环境危机的看法(第 5、10、15 项)和对增长极限的看法(第 1、6、11 项)。NEP 量表及其各种修订版本在全球 40 多个国家和地区的数百项研究中获得应用,已成为目前全球范围内应用最为广泛的环境关心测量工具(Hawcroft & Milfont,2010)。在 NEP 量表的具体应用中,为确保量表的信度和效度,许多研究都对其进行了一定的修订,比如删除部分项目、引入新的项目或调整项目措辞等(Cordano *et al.*,2003;La Trobe & Acott,2000;Liu & Sibley,2004;Pierce *et al.*,1987)。研究结果表明,根据各地区的社会文化差异、测量人群差异等对 NEP 量表进行修正后,能有效提高量表的测量质量(Evans *et al.*,2007;范叶超,2017)。

表 5-1　　　　　　　　NEP 量表与 CNEP 量表信度检验结果

序号	项　目	R_{i-t} (NEP)	删除对应项目的 α	R_{i-t} (CNEP)	删除对应项目的 α
1	目前的人口总量正在接近地球能够承受的极限	0.329	0.761	0.363	0.717

续表

序号	项　目	R_{i-t} (NEP)	删除对应项目的 α	R_{i-t} (CNEP)	删除对应项目的 α
2	人是最重要的,可以为了满足自身的需要而改变自然环境	0.429	0.752	—	—
3	人类对于自然的破坏常常导致灾难性后果	0.385	0.756	0.421	0.709
4	由于人类的智慧,地球环境状况的改善是完全可能的	0.142	0.779	—	—
5	目前人类正在滥用和破坏环境	0.392	0.756	0.463	0.703
6	只要我们知道如何开发,地球上的自然资源是很充足的	0.395	0.755	—	—
7	动植物与人类有着一样的生存权	0.379	0.757	0.366	0.717
8	自然界的自我平衡能力足够强,完全可以应付现代工业社会的冲击	0.463	0.749	0.350	0.720
9	尽管人类有着特殊能力,但是仍然受自然规律的支配	0.303	0.762	0.349	0.719
10	所谓人类正在面临"环境危机",是一种过分夸大的说法	0.509	0.745	0.412	0.710
11	地球就像宇宙飞船,只有很有限的空间和资源	0.357	0.758	0.410	0.710
12	人类生来就是主人,是要统治自然界的其他部分的	0.527	0.744	—	—
13	自然界的平衡是很脆弱的,很容易被打乱	0.274	0.767	0.344	0.723
14	人类终将知道更多的自然规律,从而有能力控制自然	0.377	0.757	—	—
15	如果一切按照目前的样子继续,我们很快就将遭受严重的环境灾难	0.409	0.754	0.476	0.700
量表克朗巴赫 α 系数		0.776		0.737	

　　早在 2003 年,洪大用便将 2000 版量表引入首次的中国综合社会调查(China General Society Survey,CGSS)。此后,NEP 量表开始被广泛

应用于研究中国公众的环境关心与行为(冯麟茜,2010;李亮和宋璐,2013;罗艳菊等,2009;王玲和付少平,2011;吴建平等,2012;周志家,2011)。为确保量表的测量质量,中国研究人员在使用 NEP 量表时也对量表项目做了一些修订。例如,为了促进学术对话与知识积累,肖晨阳与洪大用(2007)基于 CGSS 2003 数据,利用验证性因子分析结果提出了一个中国版的 NEP 量表,该量表去掉了 NEP 量表中的 5 个因子载荷较低负向措辞项目,保留 8 个正向措辞项目以及 2 个负向措辞项目(第 8 和第10 项),这样一个 10 项的 NEP 量表具有良好的单一维度。在后续研究中,洪大用、范叶超和肖晨阳(2014)又基于 2010 年度的 CGSS 数据对上述由 10 个项目构成的 NEP 量表进行再检验,发现其测量质量呈现出跨年份、跨样本的稳定性,并将其命名为中国版环境关心量表(CNEP)。

本研究在调查时引入了全部 15 个项目的 NEP 量表(项目具体内容见表 5-1),以测量大学生对新生态范式这样一种生态世界观的接纳程度。在调查时,每个被访大学生需要对 NEP 量表的每项陈述依次表达态度。其中,量表的所有奇数测量项目均为正向陈述项目,选择"完全同意""比较同意""无所谓同意不同意""比较不同意"和"完全不同意"分别赋分为 5、4、3、2、1;量表的偶数测量项目均为反向陈述,选择"完全同意""比较同意""无所谓同意不同意""比较不同意"和"完全不同意"分别赋分为1、2、3、4、5,量表总分越高,表示越接纳新生态范式。在使用量表前,我们分别检验了 15 项的 NEP 量表和 10 项的 CNEP 量表的应用情况,并通过比较检验结果确定测量大学生生态世界观的最佳工具。

信度检验结果如表 5-1 所示。NEP 量表与 CNEP 量表的克朗巴赫 α 系数分别为 0.776 和 0.737,均超过了 0.7 的临界值,可以认为两个量表都具有可接受的内部一致性。但由于 α 系数对测量项目数量高度敏感,即单纯增加测量项目即可提高 α 系数,因此很难判断 NEP 量表略高于 CNEP 量表的 α 系数是由于量表内部一致性更好,还是由于测量项目更多。进一步分析各项目与量表总分的相关系数 R_{i-t} 值,NEP 量表的15 个项目 R_{i-t} 值在 0.142~0.527,其中项目 4 与项目 13 的系数低于

0.3 的临界标准,尤其项目 4 的 R_{i-t} 值仅为 0.142。事实上,删除项目 4 后,量表的信度系数 α 会相应提高,说明项目 4 与量表总体的一致性较低。CNEP 量表的 10 个项目 R_{i-t} 值在 0.344～0.476,均在 0.3 之上,并且删除任何一个项目都会导致量表的 α 系数降低。因此,可以初步判断两个量表中,CNEP 具有更高的信度水平。

　　关于 NEP 量表是否具有单一维度,邓拉普等(2000)认为 NEP 量表具有较优的内部一致性,各测量指标均负载于同一维度,即新生态范式。尽管部分研究人员通过自己的调查结果检验发现量表可能具有两维、三维、四维、五维,甚至六维结构(Amburgey & Thoman,2012;Grendstad,1999;王玲等,2011)。由于数据基础的差异,关于 NEP 量表的维度不同研究之间尚未达成共识。而基于 CGSS 的中国全国层次的抽样调查数据分析结果显示,NEP 量表的五维结构与一维结构均不被经验数据支持,但 CNEP 量表的单一维度结构则在跨时间、跨样本的调查中得到了验证(洪大用、范叶超和肖晨阳,2014;肖晨阳和洪大用,2007)。因此,本书采用验证性因子分析对 NEP 量表与 CNEP 量表分别进行单一维度效度检验,结果见表 5—2。

表 5—2　　　　　　　　NEP 量表与 CNEP 量表结构效度检验结果

项　目	NEP		CNEP	
	因子载荷	标准误差	因子载荷	标准误差
项目 1	0.268		0.45	
项目 2	0.598	0.282	—	
项目 3	0.336	0.156	0.516	0.093
项目 4	0.131	0.148	—	
项目 5	0.335	0.145	0.581	0.094
项目 6	0.459	0.275	—	
项目 7	0.428	0.172	0.425	0.076
项目 8	0.568	0.260	0.322	0.083

续表

项　目	NEP		CNEP	
	因子载荷	标准误差	因子载荷	标准误差
项目 9	0.316	0.147	0.406	0.077
项目 10	0.602	0.276	0.406	0.09
项目 11	0.333	0.19	0.47	0.103
项目 12	0.691	0.292	——	
项目 13	0.167	0.145	0.432	0.105
项目 14	0.48	0.291	——	
项目 15	0.293	0.143	0.587	0.102
模型拟合指标	$CMIN/df$	GFI	$CMIN/df$	GFI
	4.412	0.968	3.972	0.98
	CFI	NFI	CFI	NFI
	0.93	0.912	0.948	0.932
	IFI	$RMSEA$	IFI	$RMSEA$
	0.931	0.049	0.948	0.046

验证性因子分析结果显示,NEP 量表与 CNEP 量表的模型拟合系数都达到了 0.9 的标准,近似误差均方根 $RMSEA$ 都在 0.05 之下。但相比来说,CNEP 的拟合指标优于 NEP。从各项目因子载荷来看,NEP 量表中项目 1、4、13 和 15 四项的因子载荷低于 0.3 的可接受标准。同时发现,15 个项目中因子载荷最高的为项目 12(0.692),结合其他反向陈述(项目 2、4、6、8、10、12、14)的因子载荷,可以认为量表得分以反向陈述的因子载荷为主,这一结果与之前研究中发现的项目措辞方向对调查结果具有干扰性的结论一致(范叶超,2017;洪大用,2006;肖晨阳和洪大用,2007)。CNEP 的检验结果显示,全部 10 个项目的因子载荷都在 0.3 以上,且标准误差均较小。据此可以认为 CNEP 具有更高的信度与结构效度水平。

5.4　生理性别与新生态范式

　　本节分析思路如图5—1所示。为探索性地检验已有研究的发现,本节分析引入了环境知识水平作为中介变量。以往相关研究认为,环境知识是个人环境关心的重要中介,个体的环境知识水平越高,往往表现出越强的环境关心(Blocker & Eckberg,1997;Hayes,2001;洪大用和肖晨阳,2007;Xiao & Hong,2012),但是也有研究人员提出知识支持假设(Knowledge Support Hypothesis),认为环境知识越少,越关心环境(Davidson & Freudenburg,1996)。因此,环境知识在性别与环境关心关系中的作用有待进一步验证。

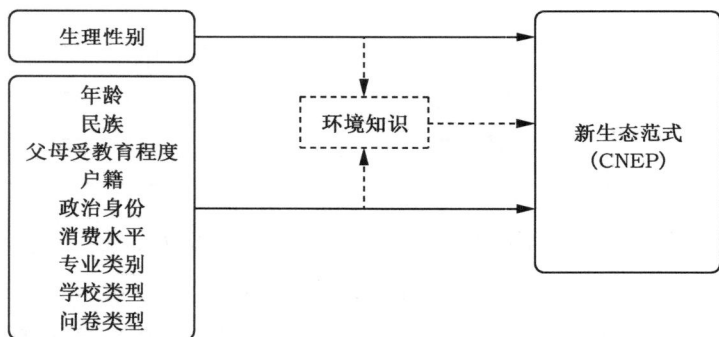

图5—1　生理性别与新生态范式(CNEP)分析路径

　　因此,以图5—1所示分析路径,本节建立两个模型,分别是不包含环境知识的模型5a—1与包含环境知识的模型5a—2。模型5a—1以CNEP为因变量,包含10个观测项目,生理性别为自变量,年龄、父母受教育程度、户籍、政治身份、消费水平、专业类别及学校类型等社会人口变量为控制变量(图中实线部分),控制变量具体测量见表3—9。环境知识量表采用洪大用等提出的中国版环境知识量表(CEKS),量表由10个二分取值的观测项目构成,每个项目回答正确得1分,累加得分表示被访者的环境知识水平,满分 10 分。基于 CGSS 调查结果的分析显示,量表具有较好的信效度水平(洪大用和肖晨阳,2007;洪大用和范叶超,2016)。本次调查中环境知识得分均值为 8.60 分,标准差为 1.51 分,中位值为 9 分。

由于模型分析结果较多,表 5—3 仅报告了结构模型的标准化回归系数与模型总体拟合结果,两模型中新生态范式(CNEP)潜变量的测量模型结果未在表中显示。与上节验证性因子分析结果相似,CNEP 量表的 10 个观测项目因子载荷值均大于 0.3,全部均有统计显著性($p <$ 0.001),说明模型具有较好的测量信度。表中报告了多项模型整体拟合指标,各拟合值均在 0.9 以上,$RMSEA$ 值小于 0.05,表明模型与数据之间有较高的吻合度。

具体考察表 5—3 的各项分析结果。首先,考察模型 5a—1 的各项系数,模型总体 R^2 值为 0.065,包括生理性别在内的所有自变量共解释了模型方差的 6.5%。其中生理性别的标准化回归系数为 −0.189,说明女大学生比男大学生更支持新生态范式。

其次,比较两模型整体解释能力。可以看到,引入环境知识中介变量后的模型 5a—2,模型整体解释力提升至 11.2%。其中环境知识对 CNEP 得分的标准化回归系数值为 0.221,环境知识越多,越支持新生态范式。经过计算可知,环境知识的直接影响贡献了超过 4% 的方差解释力,说明加入环境知识中介变量后,模型整体解释力的提升主要源自环境知识的直接影响。

再次,考察生理性别变量与 CNEP 得分的关系。模型 5a—1 中,生理性别的标准化回归系数为 −0.190,女大学生的 CNEP 得分显著高于男大学生。模型 5a—2 加入环境知识中介变量后,生理性别之间的 CNEP 得分差异仍具有显著性。同时发现,女大学生的环境知识水平显著高于男大学生,加之环境知识对 CNEP 的正向影响,因此表中第四列环境知识对 CNEP 得分的间接影响具有统计显著性。从绝对数值(0.019)来看,间接影响占总影响的比重很小。以上结果说明,环境知识对生理性别与 CNEP 得分的关系具有显著中介作用,但间接影响在总影响中占比较低,并非生理性别影响 CNEP 得分的主要路径。

表 5—3　生理性别对新生态范式的结构模型分析结果(标准化回归系数)

	模型 5a—1		模型 5a—2	
	对 CNEP 的影响	对环境知识的影响	对 CNEP 的直接影响	对 CNEP 的间接影响①
生理性别(男性＝1)	−0.189***	−0.088**	−0.170***	−0.019**
年龄	−0.076*	−0.102***	−0.054	−0.022**
民族(汉族＝1)	−0.033	0.071*	−0.048	0.016**
父母受教育程度	−0.076	0.075*	−0.092*	0.017*
户籍(非农业＝1)	0.054	0.002	0.053	0.001
政治身份(党员＝1)	0.005	−0.019	0.009	−0.004
专业类别(人文社科类＝1)	0.007	−0.061*	0.021	−0.014*
消费水平	0.077	−0.090*	0.097*	−0.020*
学校类型 2	−0.041	0.131**	−0.069	0.029**
学校类型 3	−0.094	0.066	−0.110	0.015
问卷类型 2	0.025	0.045	0.016	0.010
问卷类型 3	0.123	0.047	0.114	0.010
环境知识	—	—	0.221***	
R^2	0.065	0.051	0.112	
模型拟合指标	$\chi^2/df=2.585$			
	$CFI=0.970$			
	$GFI=0.977$	$\chi^2/df=3.070$	$CFI=0.959$	$GFI=0.972$
	$AGFI=0.959$	$AGFI=0.949$	$NFI=0.941$	$RMSEA=0.038$
	$NFI=0.952$			
	$RMSEA=0.033$			

注:*、**、*** 分别表示 $p<0.05$、0.01、0.001。

---

　　① 自变量对 CNEP 间接影响的显著性检验采用误差修正的拔靴法得到(bootstrap＝1 000)。

　　接着,从环境知识回归系数考察环境知识的作用。模型 5a－2 中不同生理性别之间存在显著的环境知识水平差异,同以往对大学生环境知识的研究发现一致,女大学生的环境知识水平高于男大学生(吴建平和刘贤伟,2014)。从表 5－3 中第四列各自变量的间接影响系数看,虽然年龄、父母受教育程度、消费水平、专业类别及学校类型等多个变量的间接影响具有统计显著性,但从标准化系数数值看,影响规模都非常小。对环境知识得分进行描述分析发现(见表 5－4),大学生的环境知识量表得分在 8 分及以上的被访者占全部样本的 82.85%(满分 10 分),三分之一的被访者环境知识得分为满分。以上发现,一方面说明与一般社会公众相比,大学生的环境知识水平更高,另一方面提示我们大学生群体内部环境知识水平差异较小,在接下来的统计分析模型中不适合将环境知识作为中介变量纳入模型。

表 5－4　　　　　　　　　　　　　环境知识量表得分情况

环境知识得分	1	2	3	4	5	6	7	8	9	10	合计
人数	2	6	7	21	29	58	123	300	398	473	1 417
百分比(%)	0.14	0.42	0.49	1.48	2.05	4.09	8.68	21.17	28.09	33.38	100

　　最后,除生理性别,年龄与 CNEP 得分之间存在反向关系,年龄越小的大学生越持有生态友好世界观。另外,多个自变量经由环境知识都对生态世界观产生了显著影响。但包括年龄在内的影响规模都很小,因此在模型中仅作为控制变量看待,对其影响不展开详细讨论。

5.5　社会性别与新生态范式

　　我们从性别角色观念、性别平等态度与性别气质呈现三个不同社会性别的维度考察大学生新生态范式世界观的社会性别差异。
　　本节数据分析思路见图 5－2,以性别角色观念、性别平等态度、性别气质呈现分别与年龄、民族、父母受教育程度、户籍、政治身份、消费水平、

专业类别及学校类型等作为自变量,新生态范式为因变量,分别建构结构
方程模型。其中性别角色观念、性别平等态度、性别气质呈现与新生态范
式为潜变量,其余变量为显变量(显变量具体测量见表3—9)。

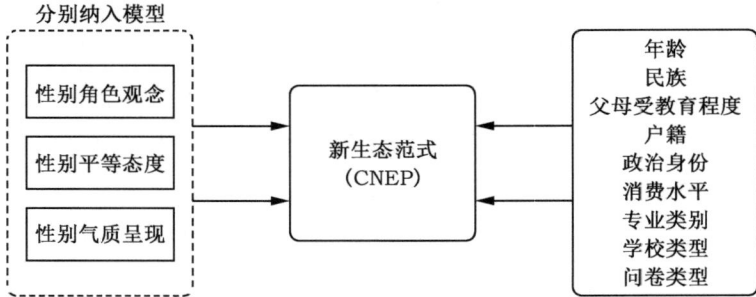

图5—2　社会性别与新生态范式分析路径

5.5.1　性别角色观念与新生态范式

按照图5—2的分析路径,以性别角色观念与相关社会人口变量作为
自变量建构新生态范式的解释模型5b。性别角色观念量表由17个观测
项目构成,涵盖了家庭经济角色、家庭照料角色、事业家庭冲突、社会事务
角色与性行为角色五个维度的内容,分值越高,表示持有越现代、越多元
的性别角色观念,新生态范式为10个观测项目共同负载的一阶潜变量,
分值越高,代表越支持新生态范式世界观。模型中其余变量为显变量。

数据分析结果显示,模型与数据的总体拟合情况良好(见表5—5),
限于篇幅,测量模型的结果未在表中呈现,其中性别角色观念模型的一阶
因子载荷值在0.296~0.830,二阶因子载荷值在0.662~0.929,标准误
差在0.029~0.161。CNEP量表测量模型的因子载荷值在0.353~
0.578,标准误差在0.076~0.103。以上全部因素负载在0.001的水平
下具有统计显著性。

结构模型分析结果见表5—5。首先,模型整体R^2值为0.137,全部
自变量共解释了CNEP量表变异的13.7%,与生理性别模型5a—1的R^2

相比,模型解释力为原来的 2.11 倍,尤其控制变量相同,模型解释力的提升主要来自性别变量的贡献,说明性别角色观念比生理性别对新生态范式变异有更强的解释能力。其次,从标准化回归系数的方向看,在控制住相关社会人口变量的基础上,性别角色观念与 CNEP 得分之间存在正向关系,性别角色观念越现代,越倾向于支持新生态范式世界观。再次,从标准化回归系数的数值看,性别角色观念的标准化回归系数为 0.335,在模型中数值最大,相比生理性别模型 5a-1 中,生理性别与 CNEP 得分的标准化回归系数为 0.189,其影响规模显著提高。假设 1 得到证实。我们可以认为,由于性别角色观念变量是连续取值变量,其一端是极端保守的、刻板的性别角色观念,另一端是完全现代的、多元的性别角色观念,得分差异反映个体在性别角色观念两端之间的水平,与生理性别的二元划分相比,这种测量层次能更精确地标示个体在性别角色观念上的不同,从而提高其对新生态范式变异的解释能力。

表 5-5 性别角色与 CNEP 量表结构模型 5b 分析结果(标准化回归系数)

变 量	CNEP	
	标准化回归系数	标准误差
性别角色观念	0.335^{***}	0.027
年龄	-0.072^{*}	0.009
民族(汉族=1)	-0.032	0.032
父母受教育程度	-0.075^{*}	0.005
户籍(非农业=1)	0.047	0.037
政治身份(党员=1)	0.013	0.052
专业类别(人文社科类=1)	0.068	0.038
消费水平	0.009	0.007
学校类型 2	-0.059	0.043
学校类型 3	-0.053	0.074
问卷类型 2	-0.007	0.081

续表

变　量	CNEP	
	标准化回归系数	标准误差
问卷类型 3	0.100	0.070
R^2	0.137	

$\chi^2/df=3.059$　$CFI=0.924$　$GFI=0.933$　$AGFI=0.916$　$IFI=0.925$　$RMSEA=0.038$

注：*、**、*** 分别表示 $p<0.05$、0.01、0.001。

此外，年龄与父母受教育程度对新生态范式价值观有显著负向影响，但标准化回归系数绝对值均较小。其他社会人口变量与新生态范式间不存在显著相关关系。

5.5.2　性别平等态度与新生态范式

以图 5—2 的分析路径建立性别平等态度与 CNEP 量表的结构方程模型 5c。模型中性别平等态度潜变量包含 15 个观测变量，家庭权利、工作机会、公共权利、教育机会 4 个一阶因子，其分值越高，代表总体上越支持平等的性别关系。CNEP 量表由 10 个观测指标所负载，得分越高，表示越支持新生态范式价值观。

数据分析结果显示，性别平等态度与新生态范式测量模型的整体拟合效果较好，性别平等态度一阶因子载荷值位于 0.336～0.809，二阶因子载荷值在 0.772～0.945，所有一阶和二阶因子在 $p<0.001$ 时都具有统计显著性。新生态范式量表 10 个观测指标的因子载荷值均在 0.3 以上，各因子载荷值具有统计显著性。

表 5—6 呈现了模型 5c 中结构模型部分的结果。模型总体实现了较好的拟合效果，各项系数达到拟合标准。第一，模型总体解释力大大提高。从模型 R^2 值看，自变量共解释了 CNEP 量表变异的 18.2％，解释力为生理性别模型 5a—1 的近 3 倍。第二，从具体标准化回归系数看，性别平等态度对 CNEP 量表得分存在正向影响，说明越支持平等性别关系的大学生，越倾向于接纳新生态范式价值观。第三，性别平等态度的标准化

回归系数值为 0.404，远远高于其他变量的回归系数，在模型中规模最大，贡献了对 CNEP 得分的大部分解释力。性别平等态度与新生态范式的相关程度接近了中等规模，对从价值观角度理解新生态范式与性别平等之间的关系具有重要价值。根据以上结论，假设 2 得到证实。其他社会人口变量作为控制变量，对其分析结果不做详细讨论。

表 5—6　　性别平等态度与 CNEP 量表结构模型 5c 分析结果（标准化回归系数）

变　量	CNEP	
	标准化回归系数	标准误差
性别平等态度	0.404***	0.068
年龄	−0.068*	0.009
民族（汉族＝1）	−0.024	0.032
父母受教育程度	−0.079*	0.005
户籍（非农业＝1）	0.039	0.037
政治身份（党员＝1）	0.013	0.052
专业类别（人文社科类＝1）	0.056	0.038
消费水平	0.015	0.007
学校类型 2	−0.080	0.044
学校类型 3	−0.105	0.074
问卷类型 2	0.011	0.081
问卷类型 3	0.128	0.071
R^2	0.182	
χ^2/df＝3.067　CFI＝0.932　GFI＝0.938　AGFI＝0.920　NFI＝0.903　RMSEA＝0.038		

注：*、**、*** 分别表示 $p<0.05$、0.01、0.001。

5.5.3　性别气质呈现与新生态范式

性别气质呈现与新生态范式之间关系的分析模型 5d 沿用图 5—2 的分析路径，但由于假设 3 提出性别气质呈现的多元、反传统与新生态范式之间具有显著相关关系，因此，性别气质呈现的测量须以生理性别为参照，测量个体性别气质是否呈现出多元与反传统的特征。因此，本节的模

型中加入生理性别为分组变量，其他变量的纳入参照图 5－2。性别气质
呈现特征分为男性气质呈现与女性气质呈现两个子量表，两个子量表各
由 19 个观测项目负载，量表分值越高，表明呈现的男性气质或女性气质
水平越高。将两个子量表同时纳入模型，模型各项拟合值达到标准，总体
上实现了数据与模型的拟合（见表 5－7）。

表 5－7　　性别气质呈现与 CNEP 量表结构模型 5d 分析结果（标准化回归系数）

	CNEP			
	生理男性		生理女性	
	标准化回归系数	标准误差	标准化回归系数	标准误差
男性气质呈现	0.091	0.053	0.015	0.029
女性气质呈现	0.181*	0.066	0.199***	0.040
年龄	−0.105	0.017	−0.070	0.011
民族（汉族＝1）	−0.064	0.057	−0.027	0.038
父母受教育程度	−0.016*	0.008	−0.107*	0.005
户籍 （非农业＝1）	0.036	0.062	0.077	0.044
政治身份 （党员＝1）	−0.008	0.090	−0.010	0.062
专业类别 （人文社科类＝1）	0.061	0.066	0.045	0.045
消费水平	−0.092	0.014	0.077	0.009
学校类型 2	0.046	0.087	−0.116	0.050
学校类型 3	−0.131	0.126	−0.099	0.089
问卷类型 2	0.051	0.145	0.037	0.095
问卷类型 3	0.200	0.123	0.065	0.084
R^2	0.110		0.065	
模型拟合指标	$\chi^2/df=1.966$　$CFI=0.900$　$GFI=0.873$ $IFI=0.901$　$RMSEA=0.026$			

注：*、**、*** 分别表示 $p<0.05$、0.01、0.001。

　　由于测量模型数据量大，且在上一章已报告了对性别气质呈现两个子量表的信/效度评价，因此表 5－7 中未报告测量模型结果。从测量模型结果看，所有因子载荷值都达到统计显著性标准。具体分生理性别报告，生理性别为女性的大学生，其男性气质呈现与女性气质呈现的因子载荷值在 0.278～0.718，生理性别为男性的大学生，其男性气质呈现与女性气质呈现的因子载荷值大部分在 0.3 以上，最高载荷值为 0.760，但其中有四个观察变量的因子载荷值偏低（低于 0.3 的参考标准），但由于测量模型因子载荷值的可接受标准并没有一致的判断（Xiao & Dunlap，2007），0.3 是较为常用的标准，但也并不是绝对化的参考值，并不能据此否定该测量模型。因此，本研究认为男性气质呈现与女性气质呈现两潜变量可以作为性别气质呈现的测量变量参与结构分析。作为因变量的 CNEP 量表的因子载荷值在 0.329～0.587，全部观测指标都达到统计显著性要求，量表得分越高，表示越支持新生态范式价值观。

　　表 5－7 呈现了结构模型部分的分析结果。由数据结果可知，男大学生的女性气质呈现越多，越接纳新生态范式价值观，而男性气质呈现对此没有显著影响，即越反传统性别气质的男大学生，越接纳新生态范式价值观。女大学生的性别气质呈现更多女性特征，更为支持新生态范式价值观，同样男性气质呈现对新生态范式支持水平没有显著影响。总体上来看，大学生的性别气质呈现对新生态范式的影响不受生理性别调节。概括而言，男大学生越反传统性别规范，越倾向于接纳新生态范式，而女性越呈现传统性别规范期待的性别气质，越有助于其接纳新生态范式。假设 3 仅在男大学生中获得支持。

　　此外，不同生理性别下，自变量对因变量的解释力有所差异。在男大学生中，模型解释了新生态范式 11% 的变异，而在女大学生中，模型仅解释了新生态范式 6.5% 的变异，说明与女大学生相比，男大学生的女性气质呈现对其接纳新生态范式价值观有更大的影响。

5.6 小 结

自 20 世纪 70 年代以来的现代环保运动,以推广生态世界观为己任,认为人类并非特殊的生命存在,只是生态系统的一部分。对生态中心主义价值观的测量成为环境关心研究的重要组成部分,其中邓拉普等人创建的新生态范式量表(简称 NEP 量表)获得了最为广泛的应用。研究人员考察新生态范式量表所反映的生态世界观在不同国家、不同时点的分布状况,探索不同群体对新生态范式的接纳程度,其中性别对新生态范式的影响是重要内容之一。

大多数研究发现认为,女性整体比男性有更高的新生态范式接纳程度。但也有不少研究对这一结果的稳定性提出疑问,发现生理性别之间并没有呈现出显著的新生态范式得分差异,或部分研究发现男性的得分高于女性。对于研究发现的不稳定性,研究人员试图从中介变量的角度解释生理性别对新生态范式水平的影响机制。笔者总结发现既有研究的解释路径实质上是从社会性别角度理解新生态范式水平的变异,而社会性别特征不能被简单的生理二元指标所测量,因此本章从性别角色观念、性别平等态度与性别气质呈现三个维度进行更为精确的社会性别测量。

研究结果发现,新生态范式中国版量表(CNEP)能更为稳定、有效地测量中国大学生的生态世界观水平。女大学生比男大学生有更高的新生态范式水平,在大学生群体中环境知识的中介作用并不明显。而与生理性别相比,社会性别特征的三个测量维度对新生态范式变异的解释能力均有不同程度的提高。性别角色观念越现代、越多元的大学生,新生态范式的接纳程度越高;越支持性别平等的大学生,越倾向于接纳新生态范式,假设 1 与假设 2 得到了支持。从生理性别、性别角色观念、性别平等态度与 CNEP 量表得分之间的相关系数看(见表 5—8),后两者的系数显著高于前者,说明更精细的社会性别测量工具比生理性别测量能更有效地捕捉个体性别特征差异,从而有效提升了对 CNEP 水平变异的解释力。这一研究发现验证了社会性别图式与环境关心图式之间存在的相关性、连贯性，支持性别角色多元、性别关系平等的社会性别图式与新生态范式量表所代表的生态中心主义环境关心图式相互亲和。与生理性别与环境关心的关系相比，两种图式之间具有更强的关联。

表 5—8　　生理性别、社会性别与 CNEP 量表多模型分析结果比较

	社会性别特征	标准化回归系数	模型 R^2
模型 5a1	生理性别	-0.189^{***}	0.065
模型 5b	性别角色观念	0.335^{***}	0.137
模型 5c	性别平等态度	0.404^{***}	0.182
模型 5d	女性气质呈现	0.181^{*}（男）、0.199^{***}（女）	0.110（男）
	男性气质呈现	0.091（男）、0.015（女）	0.065（女）

性别气质呈现与 CNEP 量表得分的分析结果发现，首先，总体上看，与生理性别相比，性别气质呈现模型解释了更多 CNEP 量表的变异，可以认为性别气质呈现测量比生理性别测量更为精确、细致地捕捉了社会性别差异。其次，两种性别气质特征中，女性气质呈现对新生态范式支持程度有显著正向影响，男性气质呈现的影响并不显著。男大学生越呈现反传统性别规范的气质特征，越倾向于接纳新生态范式世界观，但这种倾向在女大学生中并未发现。假设 3 仅获得经验资料的部分支持。

第6章　社会性别与环境风险认知

在上一章,我们讨论了社会性别与生态世界观的关系,与生理性别相比,更精细的社会性别测量能更大程度解释生态世界观的变异。本章关注环境关心的另一个面向——环境风险认知,它是个体环境关心在具体环境议题上的表现,包含对不同类型环境风险的认知。本章要回答的基本问题是:生理性别意义上男性与女性的环境风险认知有何差异? 环境风险认知是否由于社会性别特征差异而有所不同? 如果是,这种不同具体是怎样的? 社会性别测量与生理性别测量相比,对环境风险认知的解释力有何不同?

6.1　环境风险认知及其生理性别差异研究

"风险认知"最初源于心理学。林崇德等(2003)认为,风险认知(Perception of Risk)是个体对存在于外界环境中的各种客观风险的感受与认识,斯洛维克(Slovic,1987)认为风险认知是人们对风险源所带来的风险的主观判断,折射出人们的信仰、态度、价值观和性格(Pidgeon,1998),国内学者认为环境风险认知是人们对人类活动导致的环境变化给其生存的自然环境和社会人文环境带来的各种影响的心理感受程度和认识(段红霞,2009)。尽管不同学者根据研究需要给出了不同定义,但研究人员都强调了个体对风险的主观感受与评价。

　　早在 20 世纪 50 年代,心理学研究领域就开始了对风险认知的研究,指出风险认知是风险行为的基础(Starr,1969)。几十年来,研究人员从心理认知、社会文化、社会结构等不同角度研究风险认知问题,积累了丰富的研究成果。环境风险是风险研究的主要内容,一直受到研究人员的重视,尤其近些年环境问题不断凸显,环境风险越来越成为风险研究的焦点领域。对既往研究的梳理发现,环境风险认知研究可大致划分为如下三个主要领域:一是从心理认知测量的角度研究环境风险自身的特征,比较有代表性的是斯洛维克(1987)研究团队提出的心理测量范式(the Psychometric Paradigm),其通过多元统计分析方法提炼环境风险源的特点,归纳出“恐惧”“未知”与“暴露人群大小”是公众判定风险大小的主要影响因素。此研究取向在很长一段时间引领着西方及国内环境风险领域的研究。二是研究环境风险认知主体的特征,包括环境风险认知主体的社会人口特征(年龄、性别、种族、受教育程度等)、职业特征(以普通公众、专家或官员比较为主)、对环境风险相关对象(如政府、科学技术等)的信任程度、个人经验、个体性格等方面(Bouyer *et al.*, 2001;Davidson & Freudenburg,1996;Flynn *et al.*, 1992,1994;黄蕾等,2009;沈鸿等,2012;Savage,1993;Sjoberg,2002;王甫勤,2010;谢晓非等,1998),其目的是识别不同特征主体在风险认知方面受何种因素影响,从而更准确地把握人们对风险认知的规律。三是从社会文化角度分析社会关系、价值观念对人们评估风险的影响,研究者从文化理论视角(Mary Douglas & Wildavsky,1982)解释为什么特定的人群会选择性地关注一些环境风险而忽略另外一些。但也有研究表明文化理论对人们风险认知变异的理解非常有限(Marris *et al.*,1998;Palmer,1996)。

　　对环境风险认知主体特征的研究中,对认知主体社会人口特征的研究数量众多,但环境风险认知的社会人口差异背后所折射的深层社会结构问题仍有很多未获充分讨论的方面。研究发现,不同年龄、生理性别、种族、婚姻状况、受教育程度、收入水平的群体对风险的认知程度有所差异,比如 20 世纪 90 年代美国芝加哥地区的问卷调查显示,对于四种风险源(航空事故、家庭火灾、车辆交通事故、胃癌),受教育程度较低、收入较低的黑人表达了更为强烈的恐惧(Savage,1993);同样基于美国的调查发现,部分白人男性对各类风险的认知低于其他群体(Flynn et al.,1994),这种现象被研究者称作"白人男性效应"(White Male Effect)(Finucane et al.,2000);国内研究中发现,针对全球能源短缺、全球恐怖主义威胁、国际上某些敌对力量的军事入侵与威胁、世界经济衰退和世界环境问题五项风险,城市居民比农村居民有更强的风险认知(王甫勤,2010)。这些研究发现体现了不同社会群体在社会、经济、资源、权利等方面存在的差异,其背后折射的是更大范围的社会结构问题。

　　生理性别是风险认知研究中受到最多关注的两个变量之一(其次是种族)。环境风险认知中,"女性比男性对各种风险认知更高"被大量研究结论所证实(Blocker and Eckberg,1997;Flynn et al.,1994;Greenberg & Schneider,1995;Gustafson,1998;Johnson,2002;Slovic,1999;Stern et al.,1993)。对加拿大公众的调查结果显示38项风险项目中,女性有其中37项的风险认知比男性高(Slovic et al.,1993);基于美国费城的调查结果显示,非白人女性,相比其他人群,认为当地空气质量更差,对大气污染更为敏感与担心,更希望了解大气污染相关信息(Johnson,2002);对中国香港居民的研究显示,受教育程度低的女性认为各种环境问题(如过度捕捞、酸雨等)对当地环境更具威胁性(Lai & Tao,2003);基于中国台湾地区关于地震风险的调查发现,女性认为自己受地震影响更大(Kung & Chen,2012)。

　　关于生理性别对环境风险认知影响路径,以往研究人员试图从以下角度予以解释:

　　首先,性别化社会角色解释指出生理性别不同的两性在社会化过程中被"塑造"为不同的社会角色与家庭角色,"角色"的约束使得个体呈现环境风险认知分化。由于女性一般承担养育者与照顾提供者角色,而男性被赋予更多"工具性特征",期待成为家庭的经济收入提供者,因此相比男性,女性更关心与健康、安全相关的风险(Davidson & Freudenburg,

1996；Steger & Witt，1989）。有研究提出"经济显著假设"（Economic Sa-
lience Hypothesis），认为关注经济问题与不关注环境问题是联系在一起
的，男性由于更关注经济而更不关注环境问题（Davidson & Freuden-
burg，1996）。另外，有研究者认为这一角色差异有可能被亲子关系所加
强，"父母角色假设"认为承担父亲角色的男性，被期待更多关心经济收
入，从而更少关注环境，而有孩子的女性由于关注环境对孩子健康安全的
影响，而比没有孩子的女性对环境风险更为关注。斯特恩（Stern，1993）
称其为"父亲效应"与"母亲效应"。研究发现了母亲效应的一些证据
（Blocker & Eckberg，1989；Hamilton，1985；Mitchell，1984），但父亲效应
的证据并不统一。此外，一些研究对社会角色与风险态度进行了更细致
的分析，认为无论其生理性别，有全职工作与对待环境态度呈正相关关系
（Blocker & Eckberg，1989），在女性内部，有工作的女性比全职家庭主妇
更加关注环境风险（Mohai，1992），承担父亲角色的个体比不承担父亲角
色的个体更关心当地有毒污染的风险（Hamilton，1985）。

　　其次，社会结构解释认为两性在社会地位、身份及权利方面的不平等
是造成环境风险认知差异的主要原因，其中包含制度信任、社会地位不平
等、就业歧视、环境知识掌握程度等不同的解释角度。"制度信任假设"
（Institutional Trust Hypothesis）认为，与男性相比，女性对科学技术、政
府机构的信任度更低，而对制度的信任和信心与对风险的认知负相关，因
此女性对制度的信任低，对环境风险的关注高（Flynn *et al.*，1994；
Freudenburg，1993；Slovic，1992）。他们讨论认为，男性之所以对风险的
认知水平低，原因在于风险是由他们制造的，也是由他们掌控的，并且他
们觉得风险可以被接受，还因为其从风险中获益，因此风险认知的生理性
别差异反映了两性在社会地位、权利关系的不平等（Gustafson，1998）。
从劳动就业角度对风险认知差异的分析认为在社会劳动领域存在对生理
女性的歧视，如生理性别的职业区隔、职业天花板、同工不同酬等不平等
现象，这些社会制度因素可能使得女性对于风险更加脆弱和敏感（Flynn
et al.，1994）。此外，环境知识掌握程度被认为一直会对风险认知的生理

性别差异产生影响,但影响的方向与程度并没有统一的结论。研究人员普遍发现,平均来说女性对环境知识的了解不及男性(Hayes,2001;McCright,2010)。因此曾有研究人员认为,更多的环境知识会导致个体更少关注环境风险,提出了知识支持假说(Knowledgeable Support Hypothesis,Davidson & Freudenburg,1996)和环境知识假说(Environmental Knowledge Hypothesis,Blocker & Eckberg,1997),这有助于解释女性比男性更为关注环境风险的现象。但是许多实证研究结果并未支持以上假定,有研究发现环境知识对环境态度没有支持作用(Mitchell,1984),也有研究发现环境知识对风险认知有较小影响(Dietz et al.,2007),基于中国的研究发现,环境知识对环境风险认知具有显著的正向影响(洪大用和肖晨阳,2012)。因此,我们认为环境知识对于生理性别与环境风险认知关系的作用需要进一步验证。

以上对环境风险认知生理性别差异的解释部分得到了经验数据支持,但大部分理论解释仍有待验证。一项关于瑞典的风险认知研究(Olofsson & Rashid,2011)值得关注。该研究采用邮政问卷的形式在瑞典全国范围内对16~75岁人口进行随机抽样,为了增加有外国背景的样本在三个居民区进行了补充随机抽样,样本总数为1 427人,采用描述统计与多元回归方法检验了先前研究(尤其是美国研究)中得到验证的"白人男性效应"。研究结果显示,风险认知水平在瑞典并不存在显著生理性别差异。作者将这一结论的原因归结为由于在瑞典男性与女性拥有同等的权利与生活机会,因此不同生理性别之间持有相对一致的世界观。的确,在世界经济论坛(World Economic Forum)每年发布的《全球性别差距报告》(Global Gender Gap Report)中,瑞典一直在全球性别平等国家排名中处于前列。瑞典将性别平等作为一项国策,建立了一系列性别平等政策法案,将性别平等推进到教育、家庭、社会等各个领域,甚至对人称代词的使用都刻意避免性别倾向,中性化或无性别差异成为瑞典社会性别关系的主要特征。

整体来看,现有研究对生理性别与环境风险认知之间的关系已有一定基础,很多研究也关注到了环境风险认知生理性别差异背后更深层的社会文化与社会结构问题,其本质反映的是与生理性别相关但不完全由生理性别决定的社会性别特征对环境风险认知的影响,因此,本章打破男女二元生理测量,直接采用三个精细的社会性别测量量表,对社会性别特征与环境风险认知的关系进行细致解析,系统呈现两者关系的变化规律。

6.2　研究假设与分析策略

6.2.1　研究假设

如上所述,经验研究表明,一方面,环境风险认知的社会性别差异并不能由生理性别所完全解释,生理性别内部由于其承担的角色、掌握的知识、占据的社会地位的不同而存在环境风险认知的多样化形态,另一方面,家庭角色与社会角色对男性与女性的环境风险认知有显著影响,承担更多反传统的、多元的性别角色具有提升环境风险认知水平的作用。而从价值倾向角度看,支持更现代、更多元的性别角色意味着对传统等级制、二元化的性别角色的拒斥,而个体更多意识到环境风险对人类自身产生限制的观念同样意味着对传统的人类支配自然的压迫关系的反思,由此提出如下假设:

假设 1a:性别角色观念更现代、更多元的大学生,有更高的环境风险认知水平。

假设 1b:在社会性别特征的测量方面,性别角色观念比生理性别能解释更多环境风险认知变异。

性别平等态度是受到社会文化规范影响的,个体对待两性在社会、家庭领域具有的地位、权利及责任的态度。更为平等的社会性别文化与制度承认人类个体间以及人类与其他生物间无差别的权利地位,重视个体对自我行为的反思,因此鼓励人们更关注自身行为对环境的影响,据此提出如下假设:

假设 2a：性别平等态度与环境风险认知存在正相关关系，即越支持性别平等的大学生，环境风险认知水平越高。

假设 2b：针对环境风险认知的变异，性别平等态度比生理性别具有更强的解释力。

性别气质呈现反映受社会文化规制的个体性别化行为，当个体呈现出多种性别气质，或呈现与社会文化规范相异的性别气质时，表示个体受到传统性别规范的约束较弱，能够超越社会文化赋予的二元价值观念，以更平等、更多元的形式参与社会生活。相应的，个体环境风险认知水平的高低受社会文化中对待环境的总体观念影响，如果个体能够超越社会整体对经济增长的渴求与追逐，更多认识并感知到各类环境条件对人类社会发展的制约，平等看待人类发展与环境的关系，那么将会呈现更高的环境风险认知水平。因此个体性别气质的多元呈现与认知更多环境风险都体现了对传统文化、社会规范的挑战与超越，两者之间存在同向关系，据此提出假设 3。

假设 3：性别气质呈现更多元、更挑战传统性别规范约束的大学生，其环境风险认知水平更高。

6.2.2 分析策略

本章分析策略如下：首先，基于三所高校的问卷调查结果对环境风险认知的测量结果进行描述与检验，确认测量结果的质量。其次，考察生理性别对大学生环境风险认知的影响，作为进一步比较分析的基础。再次，对性别角色观念、性别平等态度与性别气质呈现三个社会性别维度与环境风险认知之间的关系进行分析，与生理性别与环境风险认知分析结果比较，得出本章结论。

6.3 环境风险认知的测量

已有经验研究对环境风险认知的测量方式并无一致的看法，研究人员依据对概念的不同理解及数据来源的不同在分析上各有侧重。概括已有研究中对环境风险认知的内容,其主要涵盖如下几个方面:对环境问题严重性的认知、对环境问题重要性的认知、对环境问题的关注程度、对环境质量的评价、经济增长与环境保护的权衡、对环境运动的支持及环境保护的意愿等(Brechin & Kempton,1994;Dunlap *et al.*,1997,2008;Franzen & Meyer,2010;洪大用和范叶超,2013;Knight & Messer,2012;Inglehart,1995)。数据来源主要包括盖洛普调查(Gallup Survey)、世界观调查(WVS)、国际社会调查项目(ISSP)、中国综合社会调查(CGSS)等。

　　国内学者对环境风险研究积累了大量的研究成果,仅定量研究方面,就有针对特定环境风险类型的测量,如垃圾问题(龚文娟,2016)、极端天气(罗万云等,2018)、棕地问题(陈东军等,2017)、空气污染(徐戈等,2020;王积龙,2018)、水污染(龚识懿等,2010)等,也有针对一般性环境风险的测量(洪大用等,2014;李亮和宋璐,2013;孙猛和芦晓珊,2019;王甫勤,2010)。这一方面说明环境风险认知在环境问题研究中的重要地位,另一方面也说明对环境风险认知测量存在许多待深入分析与解释的议题。

　　本研究以 CGSS 对环境议题严重性程度认知量表为基础,建构了包含 12 个测量项目的环境风险认知量表。由于调查对象为生活在城市中的大学生群体,因此调整了部分观测项目内容,原量表的荒漠化、耕地质量退化、森林植被破坏和噪声污染四个项目调整为气候变化、土壤污染、森林资源短缺和自然资源枯竭,其余 8 个观测项目不变。对数据进行的探索性因子分析结果表明,量表与 CGSS 环境风险认知量表具有相同的结构,6 个观测项目测量了健康与安全风险,6 个观测项目测量了一般环境风险。调查要求被访者对每个观测项目做出从完全没有、根本不严重、不太严重、说不清严重不严重、比较严重到非常严重的认知评价,对以上态度分别赋值为 0 分、1 分、2 分、3 分、4 分和 5 分,分值越高,表示感知到的风险越强。调查结果显示出量表具有较好的内部一致性,信度系数 α

值为 0.862。各观测项目的具体分布情况见表 6—1。

表 6—1   环境风险认知项目及其频率   单位:%

	完全没有	根本不严重	不太严重	说不清严重不严重	比较严重	非常严重
空气污染	0.3	0.2	2.8	5.3	53.6	37.8
水污染	0.1	0.4	5.1	14.7	54.8	24.9
土壤污染	0.2	0.7	9.7	30.5	45.3	13.6
工业垃圾污染	0.1	0.4	3.0	18.2	52.8	25.5
生活垃圾污染	0.1	0.4	7.6	18.6	48.8	24.5
食品污染	0.1	0.7	14.3	30.9	38.4	15.6
自然资源枯竭	0.1	0.9	9.0	22.1	43.0	24.9
淡水资源枯竭	0.1	1.2	10.5	21.6	39.4	27.2
森林资源短缺	0.3	1.1	15.2	25.0	41.1	17.3
绿地不足	0.4	1.0	15.1	24.0	40.2	19.3
野生动植物减少	0.2	0.8	8.4	18.9	44.0	27.7
气候变化	0.1	1.2	11.2	21.0	41.1	25.4

注:缺失值被重新编码为"说不清严重不严重"。

笔者对 12 个具体环境风险项目进行了主成分分析和验证性因子分析。主成分分析结果显示,12 个观测项目中的前六项与后六项经正交旋转后分别负载于两个潜在因子(健康安全风险因子与一般环境风险因子),与量表设计结构一致。随后的验证性因子分析结果证实了这一测量模型具有非常好的结构拟合度,健康安全风险项目潜在因子与一般环境风险项目潜在因子之间存在较强的相关性,相关系数为 0.76。量表结构及潜在因子的相关性与基于 CGSS 2003 和 CGSS 2010 调查数据的分析发现总体一致(洪大用等,2007,2014)。在接下来的统计分析中,全部 12 个观测项目将负载于同一个潜变量,在模型中称为环境风险认知。

6.4　生理性别与环境风险认知

本节生理性别与环境风险认知关系的分析思路见图 6—1。以生理性别为自变量，年龄、民族、父母受教育程度、户籍、政治身份、消费水平、专业类别、学校类型和问卷类型作为控制变量，环境风险认知作为因变量，建立结构方程模型 6a—1(图中实线部分)。此外，既往研究发现，尤其基于中国全国范围的调查数据(CGSS)分析显示，环境知识对生理性别与风险认知的关系具有显著的中介作用(洪大用和肖晨阳，2007)，因此，在模型 6a—1 的基础上，引入环境知识中介变量(图中虚线部分)，建立结构方程模型 6a—2，以检验大学生群体中环境知识的中介作用。

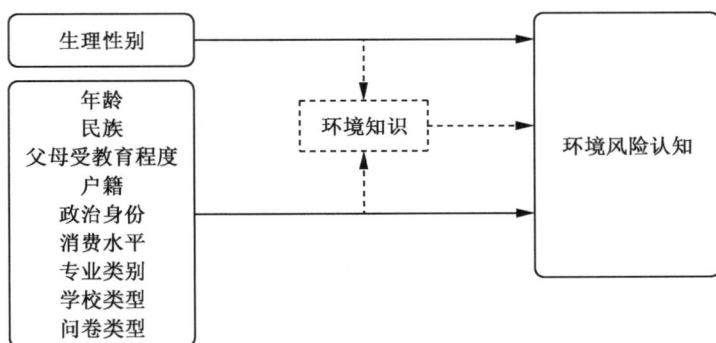

图 6—1　生理性别与环境风险认知分析路径

两模型中，环境风险认知为潜变量，其他变量均为显变量(变量测量见表 3—9)。环境风险认知的测量模型分析结果显示，12 个观测项目的因子载荷最小值为 0.403，最大值为 0.679，全部观测项目的因子载荷值都具有统计显著性，说明环境风险认知的测量模型具有较好的测量信度。

两模型结构分析结果见表 6—2。首先，模型 6a—1 分析结果发现，模型 R^2 值为 0.054，自变量共解释了环境风险认知变异的 5.4%。其中生理性别的标准化回归系数为负值，说明女大学生的环境风险认知水平显著高于男大学生。从绝对值看,生理性别的标准化回归系数最高,贡献了最大的方差解释力。

表 6—2　　生理性别与环境风险认知的结构模型结果(标准化回归系数)

	模型 6a—1		模型 6a—2	
	对环境风险认知的影响	对环境知识的影响	对环境风险认知的直接影响	对环境风险认知的间接影响
生理性别(男性=1)	-0.164^{***}	-0.088^{**}	-0.155^{***}	-0.011^{**}
年龄	0.040	-0.102^{***}	0.053	-0.012^{**}
民族(汉族=1)	-0.017	0.071^{*}	-0.026	0.009
父母受教育程度	-0.014	0.075^{*}	-0.028	0.009^{*}
户籍(非农业=1)	-0.022	0.002	-0.022	0.000
政治身份(党员=1)	-0.002	-0.019	0.000	-0.002
专业类别(人文社科类=1)	0.039	-0.060	0.067^{*}	-0.007^{*}
消费水平	0.048	-0.090^{*}	0.057	-0.011^{*}
学校类型 2	0.093^{*}	0.130^{**}	0.077	0.016^{**}
学校类型 3	0.056	0.066^{*}	0.044	0.008
问卷类型 2	-0.009	0.045	-0.012	0.005
问卷类型 3	-0.003	0.047	-0.006	0.006
环境知识	—	—	0.121^{***}	—
R^2	0.054	0.051	0.070	
模型拟合指标	$\chi^2/df=3.599$			
	$CFI=0.958$			
	$GFI=0.960$	$\chi^2/df=3.563$	$CFI=0.956$	$GFI=0.960$
	$AGFI=0.934$	$AGFI=0.932$	$NFI=0.941$	$RMSEA=0.043$
	$NFI=0.943$			
	$RMSEA=0.043$			

注:*** $p<0.001$,** $p<0.01$,* $p<0.05$。

其次,比较加入环境知识中介变量后两模型的系数值变化。加入环境知识中介变量后,模型 R^2 值为 0.070,增加了 0.016,解释力有小幅提升,说明环境知识对环境风险认知有一定程度的影响。具体看表 6—2 中第四列数值,从显著性看,环境知识的间接影响在生理性别、年龄、父母受教育程度、专业类别、消费水平、学校类型等变量上均具有统计显著性。进一步考察间接影响的系数值大小,发现间接影响的规模普遍较低。再关注环境知识对环境风险认知的直接影响系数为 0.121,即大学生的环境知识越多,环境风险认知水平越高。由此可以推出,模型解释能力的提升主要源自环境知识对环境风险认知的直接影响。

再次,具体考察生理性别变量与环境风险认知的关系。模型 6a—1 中,生理性别的标准化回归系数为 —0.164,女大学生的环境风险认知显著高于男大学生。加入环境知识中介变量后,生理性别对环境风险认知的直接效应仍具有统计显著性,并且在所有自变量中具有最高的影响规模。具体比较环境知识对风险认知的间接影响系数与直接影响系数发现,间接影响规模极小,几乎可以忽略,说明环境知识虽然可以中介变量部分影响生理性别对环境风险的认知,但并非两者关系的主要影响路径。结合上一章对环境知识分布的描述性分析,可以认为在大学生的环境风险认知性别差异分析中,环境知识的中介变量作用并不显著,可以不予特别关注。

此外,模型 6a—1 分析结果发现,除生理性别,学校类型 2 的标准化回归系数也呈现统计显著性,环境风险认知可能受到集聚效应的影响。其他自变量均没有呈现统计显著性。

6.5 社会性别与环境风险认知

本节依据图 6—1 建立了包含环境知识中介变量的结构方程模型,分析结果显示,环境知识加入三个模型后,模型的总体解释力均有不同程度增加,但增加比例不高,比如性别平等态度与环境风险认知关系的模型,加入环境知识后模型 R^2 值从 0.077 增加为 0.104,性别平等态度的标准化回归系数从 0.201 下降为 0.178,仍然是模型中对环境风险认知影响最大的变量,其他控制变量的标准化回归系数没有明显改变。据此可知,环境知识在模型中的中介作用较弱,模型中纳入环境知识变量与否不会影响模型的整体结构,因此本节的模型不再纳入环境知识变量,仅保留对各自变量与环境风险认知直接影响的分析。

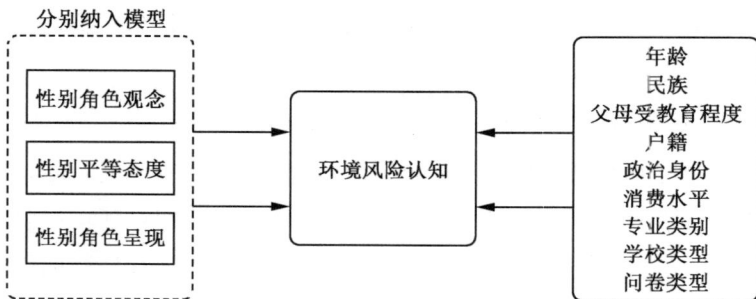

图 6—2   社会性别与环境风险认知模型分析路径

本节报告的分析结果以图 6—2 为分析路径。左侧虚线方框内性别角色观念、性别平等态度、性别气质呈现作自变量分别纳入三个模型 6b~6d,右侧实线方框的年龄、民族、父母受教育程度、户籍、政治身份、消费水平、专业类别及学校类型做控制变量同时纳入模型,三个模型均以环境风险认知为因变量。模型中性别角色、性别平等态度、性别气质呈现与环境分析认知均为潜变量,其余变量为显变量,各显变量具体特征描述见表 3—9。

6.5.1   性别角色观念与环境风险认知

根据图 6—2 建立结构方程模型 6b,性别角色观念与其他社会人口变量作自变量,环境风险认知作因变量。性别角色观念是由 17 个观测项目、5 个内容维度构成的二阶潜变量,分值越高,代表性别角色观念越现代,越支持多元性别角色。环境风险认知是由 12 个观测项目构成的一阶潜变量,分值越高,表示对环境风险的认知程度越高。

结构方程模型分析结果显示,调查数据支持原设定模型结构,各项整体拟合指标良好(见表 6—3)。受篇幅所限,性别角色观念二阶测量模型与环境风险认知一阶测量模型结果未列出。测量模型中,环境风险认知的全部因子载荷值均具有统计显著性($p<0.001$),其值在 0.444~0.639,标准误差在 0.101~0.137。性别角色观念二阶测量模型的一阶因子载荷值在 0.287~0.830($p<0.001$),二阶因子载荷值在 0.663~0.928($p<0.001$),载荷值均接近或达到 0.3,符合模型拟合要求。

表 6—3　性别角色观念与环境风险认知的结构模型结果(标准化回归系数)

变　量	CNEP	
	标准化回归系数	标准误差
性别角色观念	0.214***	0.017
年龄	0.043	0.006
民族(汉族＝1)	−0.018	0.022
父母受教育程度	−0.019	0.003
户籍 (非农业＝1)	−0.022	0.025
政治身份 (党员＝1)	0.005	0.035
专业类别 (人文社科类＝1)	0.048	0.026
消费水平	0.059*	0.005
学校类型 2	0.097*	0.030
学校类型 3	0.087	0.050
问卷类型 2	−0.024	0.055
问卷类型 3	−0.009	0.048
R^2	0.075	
$\chi^2/df=2.750$　$CFI=0.940$　$GFI=0.937$　$AGFI=0.921$　$NFI=0.910$　$RMSEA=0.035$		

注:*** $p<0.001$,** $p<0.01$,* $p<0.05$。

模型的结构部分结果见表 6—3,模型整体解释了环境风险认知差异的 7.5%,与以生理性别模型 6a—1 相比,模型解释力提高了 38.9%,说明性别角色观念比生理性别对环境风险认知变化的解释能力更强,假设 1b 得到证实。从标准化回归系数的具体数值看,性别角色观念对环境风险认知具有显著的正向影响,即性别角色观念越现代、越多元,环境风险认知水平越高,其标准化回归系数为 0.214,与生理性别系数(0.164)相比,回归系数有显著提高,假设 1a 得到支持。此外,与模型 6a—1 结果相似,学校 2 与学校 1 之间受到集群效应的影响,存在显著差异,大学生消费水平越高,环境风险认知水平越高。其他变量对环境风险认知没有显著影响。

6.5.2   性别平等态度与环境风险认知

参照图 6—2 的分析路径建构性别平等态度与环境风险认知的结构方程模型 6c,将左侧虚线内性别平等态度作为自变量,右侧全部变量作为控制变量,因变量为环境风险认知。性别平等态度为潜变量,含 15 个观测变量和 4 个一阶因子,其分值表示其支持性别平等的态度水平,分值越高,表示持有越强的性别平等态度。环境风险认知为含 12 个观测项目的潜变量,得分越高,风险认知水平越高,余变量为显变量(具体测量见表 3—9)。

数据分析结果显示,性别平等态度的一阶因子载荷值与二阶因子载荷值、环境风险认知的一阶因子载荷值均具有统计显著性($p < 0.001$),载荷值均在 0.3 以上,测量模型都具有较好的测量信度。

表 6—4 呈现了模型 6c 中结构模型部分的结果。模型总体实现了较好的拟合效果,各项系数达到拟合标准。从 R^2 结果看,自变量共解释环境风险认知变异的 7.0%,解释力比生理性别模型 6a1 增加了 29.6%,假设 2b 得到支持。具体看各自变量标准化回归系数,从影响方向看,性别平等态度对环境风险认知有显著影响,是所有自变量中唯一具有统计显著性的变量,其标准化回归系数的方向说明,越支持性别平等的大学生,

环境风险认知水平越高。从影响规模看,与生理性别的标准化回归系数相比,性别平等态度的标准化回归系数显著增大,系数值为 0.201,在所有自变量中对环境风险认知的影响力最大。假设 2a 获得支持。

表 6—4　性别平等态度与环境风险认知的结构模型结果(标准化回归系数)

变　量	环境风险认知	
	标准化回归系数	标准误差
性别平等态度	0.201***	0.038
年龄	0.041	0.006
民族(汉族＝1)	−0.016	0.023
父母受教育程度	−0.012	0.003
户籍 (非农业＝1)	−0.029	0.026
政治身份 (党员＝1)	0.004	0.036
专业类别 (人文社科类＝1)	0.050	0.027
消费水平	0.058	0.005
学校类型 2	0.088	0.031
学校类型 3	0.054	0.052
问卷类型 2	−0.010	0.057
问卷类型 3	0.004	0.049
R^2	0.070	
$\chi^2/df=3.198$　$CFI=0.933$　$GFI=0.931$　$AGFI=0.912$　$NFI=0.905$　$RMSEA=0.039$		

注:*** $p<0.001$,** $p<0.01$,* $p<0.05$。

6.5.3　性别气质呈现与环境风险认知

由于本章假设 3 提出性别气质呈现的多元性及对传统性别规范的挑战与环境风险认知之间存在显著相关关系,因此,性别气质呈现的测量以生理性别为参照。在模型建构中,以生理性别为分组变量,其他变量的纳入以图 6－2 为参照。左侧虚线框中性别气质呈现与右侧实线框中年龄、民族、父母受教育程度等全部社会人口变量共同作为自变量纳入模型,环境风险认知为因变量,建立模型 6d。模型中性别气质呈现含 38 个观测项目,男性气质呈现与女性气质呈现各自负载于 19 个观测项目,为一阶潜变量。环境风险认知为负载于 12 个观测项目的一阶潜变量,其他变量为显变量(显变量测量见表 3－9)。

由于测量模型数据规模较大,三个测量模型结果未在表 6－5 中报告。从测量模型结果来看,所有一阶与二阶因子载荷值都达到了统计显著性标准。女大学生的男性气质呈现与女性气质呈现的因子载荷值在 0.306～0.718,男性大学生的男性气质呈现与女性气质呈现的因子载荷值大部分在 0.3 以上,最高载荷值为 0.764,其中四个观察变量的因子载荷值偏低(低于 0.3 的参考标准),但由于因子载荷值的可接受标准不统一,并不能据此否定该测量模型。因变量环境风险认知的因子载荷值最小值为 0.350,取值达标且满足显著性要求。

表 6－5　　性别气质呈现与环境风险认知的结构模型结果(标准化回归系数)

	环境风险认知			
	生理男性		生理女性	
	标准化回归系数	标准误差	标准化回归系数	标准误差
男性气质呈现	0.058	0.041	0.057	0.017
女性气质呈现	0.094	0.054	0.088*	0.024
年龄	0.085	0.014	0.006	0.007
民族(汉族＝1)	−0.054	0.049	0.000	0.024
父母受教育程度	0.027	0.007	−0.061	0.003
户籍 (非农业＝1)	0.000	0.053	−0.024	0.027
政治身份 (党员＝1)	−0.067	0.078	0.023	0.039
专业类别 (人文社科类＝1)	0.037	0.057	0.032	0.028

续表

	环境风险认知			
	生理男性		生理女性	
	标准化回归系数	标准误差	标准化回归系数	标准误差
消费水平	0.135*	0.012	0.012	0.005
学校类型 2	0.179*	0.077	0.069	0.031
学校类型 3	−0.061	0.107	0.131	0.056
问卷类型 2	0.063	0.124	−0.037	0.060
问卷类型 3	0.155	0.103	−0.081	0.052
R^2	0.101		0.028	
模型拟合指标	$\chi^2/df=1.961$　$CFI=0.904$　$IFI=0.905$ $TLI=0891$　$RMSEA=0.026$			

注：** $p<0.01$，* $p<0.05$。

模型 6d 的结构分析结果见表 6－5，模型整体拟合效果达到标准，模型结构与数据较吻合。总体来看，对男大学生群体来说，虽然两种性别气质呈现对其环境风险感知的标准化回归系数均为正值，但其影响规模较小，没有达到显著要求。模型共解释了环境风险认知变异的 10.1%，但主要贡献来自性别气质呈现之外的其他变量。女大学生的男性气质呈现的标准化回归系数为正值，但未达显著性标准，女性气质呈现对环境风险认知有显著正向影响，但从系数值与模型总体解释力来看，总体影响规模偏小。整体上，性别气质呈现潜变量的解释力并未超过生理性别的解释力，也未能发现性别气质多元呈现与反传统性别气质呈现对环境风险认知的贡献，假设 3 未获经验证据支持。

此外，学校之间存在显著环境风险认知差异，在前两个结构模型中已有所相似发现，消费水平与环境风险认知显著正相关，年龄、父母受教育程度、户籍性质、是否党员及所学专业类别均对环境风险认知没有显著影响。

此外，分析结果显示，在不同生理性别的分析中，男性气质呈现与女性气质呈现两个潜变量之间的相关系数分别为 0.295 与 0.610,说明两种性别气质之间既有所不同,又彼此相关。一方面,两者相关系数为正值,说明男性气质呈现与女性气质呈现并不是相互排斥的两极,而是社会性别特征的不同方面,这一结论验证了贝姆所提出的社会性别特征"双性化"理论模型,即男性气质与女性气质可由个体同时兼有。另一方面,系数的绝对值显示两者相关程度接近中等水平说明,与贝姆最初对男性气质与女性气质"正交"的设想不完全一致。这说明在当代大学生中,男性气质与女性气质并非互不影响的两种性别特征,随着时间的推移,传统社会文化所期待的男性气质与女性气质已经出现了相互交叉、相互融合的趋势。

6.6　小　结

在已有环境风险认知研究中,对影响环境风险认知的社会人口学变量的分析是一个重要的研究领域,研究人员从生理性别、年龄、受教育程度、收入状况等各方面展开对环境风险变异的解释,其中生理性别是受到最多关注的变量之一。

针对不同国家、不同时点、不同风险类型的许多研究都发现,女性比男性有更高的风险认知水平,研究人员试图从不同的角度揭示这一发现背后的逻辑。基于社会化过程所形成的不同性别角色差异与社会结构中不同生理性别所处的不平等社会地位是两个主要的解释方向。性别社会化理论认为,个体在家庭及社会中所承担的角色类型会对个体的风险意识产生影响,有全职工作的女性或承担父亲角色的男性会比其对立面有更高的环境风险认知水平。社会结构理论视角认为,由于生理女性在劳动分工、经济占有、权利分配等方面处于弱势地位,导致其对环境风险更为敏感。不少实证研究试图验证以上研究假设,但经验数据对以上解释路径的支持程度并不统一。研究发现,生理性别内部仍然存在多种形式的风险认知差异,生理性别的简单二分不足以充分解释该变异的多样性。

因此,本章采用结构方程模型检验了性别角色观念、性别平等态度与性别气质呈现三个更精细化测量的社会性别特征对环境风险认知的影响,并与生理性别对环境风险认知的解释模型比较。比较结果显示,三个维度的社会性别特征测量对环境风险认知的解释力影响有所差异。具体结果见表 6—6。

表 6—6　　生理性别、社会性别与环境风险认知多模型检验结果比较

	社会性别特征	标准化回归系数	模型 R^2
模型 5a1	生理性别	-0.164^{***}	0.054
模型 5b	性别角色观念	0.214^{***}	0.075
模型 5c	性别平等态度	0.201^{***}	0.070
模型 5d	女性气质呈现	0.094(男)、0.088^*(女)	0.101(男)
	男性气质呈现	0.058(男)、0.057(女)	0.028(女)

注: *** $p<0.001$, ** $p<0.05$。

　　生理性别与环境风险认知的标准化相关系数值为 -0.164,具有统计显著性,表示女大学生比男大学生有更高的环境风险认知水平,与既往研究发现一致。性别角色观念模型[1]检验结果显示,持有更现代性别角色观念,更支持多元性别角色的大学生有更高的环境风险认知水平,假设 1a 得到验证。模型其他变量相同的情况下,与生理性别的标准化回归系数相比,性别角色观念的回归系数增加了 0.05,性别角色观念模型的模型解释力提高了 38.9%,假设 1b 得到支持。性别平等态度模型检验结果显示,大学生越支持性别平等观念,环境风险认知水平越高,假设 2a 得到验证。性别平等态度比生理性别的标准化回归系数增加了 0.037,性别平等态度模型的模型解释力提高了 29.6%,假设 2b 得到支持。性别气质呈现操作化为两个变量,其中生理女性的女性气质呈现与环境风险认知水平显著正相关,标准化回归系数为 0.088,男性的女性气质以及男

---

[1]　为表述方便,将模型 6a—1 称为生理性别模型,将模型 6b 称为性别角色观念模型,将模型 6c 称为性别平等态度模型,将模型 6d 称为性别气质呈现模型。

性气质呈现与环境风险认知也保持了正相关,但系数未达到显著性水平。性别气质呈现模型的模型解释力与生理性别模型相比没有显著提升,假设 3 未获支持。

对三个模型结果的对比可知,第一,性别角色观念与性别平等态度测量与生理性别相比,对环境风险认知变异的解释能力均有显著提升,说明更精细的社会性别测量捕捉了更多的性别特征变异;但性别气质呈现与环境风险认知之间的关系并没有得到预期结果。第二,三种社会性别特征与环境风险认知之间都呈现正向相关关系,性别角色观念越多元、越现代、越支持性别平等关系,越呈现女性气质的大学生,环境风险感知水平越高。这一结果说明,多元、现代、平等、女性气质的社会性别图式与环境风险认知所代表的亲环境认知图式之间具有某种一致性和连贯性。第三,社会性别三维度的测量结果比较可知,性别角色观念测量对环境风险的标准化回归系数最高,自变量解释能力最强。这启示我们引导个体超越传统性别角色刻板印象的规制,接纳更现代化的性别角色观念,将能够有效提升大学生个体的环境风险认知水平。

此外,研究结果也发现除社会性别特征变量,三个模型均发现学校类型之间存在环境风险认知的显著差异,说明大学生的环境风险认知一定程度上受到集群效应的影响。

第7章 社会性别与环境行为

环境关心概念中的"关心"在很大程度上与心理学中的"意识""态度"概念相类似,它是主体对客体的一种信念与情感,是对客体采取某种行为的倾向(Ajzen & Fishbein,1977)。从这个层面来看,环境关心的概念内涵包括认知、情感、评价、意向性和实际行为等多个层次、多个角度(洪大用和肖晨阳,2012)。在环境社会学相关研究中,人们不但关注个体所表示的环境关切本身,同时还测量其是否以符合关切程度的标准展开行动(Inglehart,1995)。环境行为是个体环境关心程度的外显指标(Dagher *et al.*,2015;McCright & Xiao,2014;Strapko *et al.*,2016)。个体是否做出有利于环境的行为,以及在何种程度、何种范围内展开环境行动,成了标示个体对人类社会与自然环境关系态度的重要一环。长久以来,探析环境行为产生的动因并解释其影响机制成为环境关心研究的重要内容之一。本章将探析社会性别特征与环境行为之间的关系,重点关注以下问题:不同类型的环境行为是否呈现出生理性别差异? 社会性别测量是否有助于更大程度上理解不同类型环境行为的变异? 如果有,具体是怎样的?

7.1 环境行为及其生理性别差异研究

环境行为受到环境社会学、环境心理学、环境教育学、环境伦理学等多学科研究的关注,从环境行为主体来看,主要有组织与个人两大类,本研究聚焦于微观层面的个人环境行为。在个体环境行为研究中,对环境行为的称谓存在多种说法,如环境行为(Environmental Behavior)、亲环境行为(Pro-environmental Behavior)、负责任的环境行为(Responsible Environmental Behavior)、具有意义的环境行为(Environmentally Significant Behavior)、环境友好行为(Environmental Friendly Behavior)、生态行为(Ecological Behavior)等(Gatersleben,2002;Hines,1987;Kaiser,1999;Poortinga,2004;Stern,1999;Tindall *et al.*,2003)。虽然称谓不同,但其概念内涵基本一致,都强调个体在自我约束和自我控制下做出的契合自身实际,对改善环境状况与提升环境质量有积极正向作用的行为(彭远春,2013)。

与概念称谓的多样化一样,研究者们对环境行为内涵的界定各有侧重。简要归纳起来主要有两类,第一种分类是根据实施的范围将环境行为划分为"公共环境行为"和"私人环境行为"。通常前者指的是支持环保组织、参与环境志愿活动、参加环保游行等有利于环境的"公共"行为,称为公域行为(Public Behavior)或环境行动主义(Environmental Activism);后者指的是参与物品回收、购买或食用有机产品、少开车等有利于环境的"私人"行为,称为私域行为(Private Behavior)或环境友好行为(Environmental Friendly Behavior,EFB)。第二种分类是根据研究需要,研究人员将自身关注的与环境改善有关的特定行为界定为环境行为。这一类研究数量众多,关注内容广泛,其概念内涵多样,如参与绿色行动、践行绿色生活方式、为保护环境支付更高价格、支持保护环境的制度与政策等(Blocker & Eckberg,1997)。

研究内容的多样化与复杂性导致理论解释的不统一。国外研究人员在不同的环境行为概念下分析其产生与变化的规律,发展了众多解释理论。第一类是从心理学视角出发,分析心理因素如何作用于环境行为。以环境心理学、环境教育学视角为主导,研究者们预设个体环境行为具有理性、自主等特征,提出了计划行为理论(Theory of Planned Behavior)、负责任的环境行为模式(Model of Responsible Environmental Behavior)、价值—信念—

规范理论（Value-Belief-Norm Theory）等（Ajzen,1991；Hines,1987；Stern,2000）。但研究人员也发现,由于环境行为的主体是居于特定社会结构与社会情境中的个体,其行为不但受心理特征等内部因素影响,也受社会结构等外部因素的影响。因此,第二类视角则将社会结构、文化背景等外部因素纳入考虑,分析外部因素与社会心理内部因素之间相互影响并共同作用于环境行为,提出了 ABC 模型①、环境意识与环境行为情境分析模型②等解释模型。其中社会结构因素通常指生理性别、年龄、受教育程度、种族等社会人口特征（Dietz,1998）。其中,不同生理性别个体的环境行为差异研究是理解环境行为特征非常重要的方面。

　　国内环境行为研究可以概括为态度—行为视角研究与社会结构视角研究两大主要方向。环境态度—环境行为视角关注环境价值观、环境知识等变量如何作用于不同类型环境行为,注重个体环境意识、环境态度等要素与环境行为的关系（孙岩,2006；唐明皓,2009；钟毅平等,2003）。社会结构视角侧重分析环境行为的社会基础（崔凤和邢一新,2012；龚文娟,2008；彭远春,2013；王凤,2008；袁亚运,2016）与社会文化特征（陈阿江,2007；陈涛,2008；景军,2009）,关注个体的社会经济人口特征及社会文化、组织特征、地方风俗等对个体环境行为的影响。

　　关于生理性别与环境行为的关系,研究者发现,不同类型的环境行为研究中生理性别与环境行为的关系有所差异（Hunter *et al.*,2004；Tindall *et al.*,2003）。既往研究中,女性比男性更多参与私域环境行为的结论得到相对一致的支持（龚文娟和雷俊,2007；龚文娟,2008；Hadler & Haller,2011；McStay & Dunlap,1983；Tindall *et al.*,2003；Xiao & McCright,2014；朱慧,2017）,但也有研究发现生理性别对环境关心行为并没有显著影响（Hines,1987；Schultz,1995）。公域环境行为的研究发现

---

　　①　该模型由瓜纳诺德、斯特恩与迪茨（Guagnano,Stern & Dietz,1995）提出,他们认为环境行为是个人环境态度与情景因素共同作用的结果。

　　②　该模型由布兰德（Brand,1997）提出,是基于日常生活实践,采取综合的视角,对社会心理学的情景理论、经济学的理性选择理论对环境行为的相关影响因素加以整合提出的一般性分析框架。

生理意义上的女性参与更少参与环境行为,或者发现生理性别之间没有显著差别(Blocker & Eckberg,1997;Davidson & Freudenburg,1996;龚文娟,2008;Sherkat & Ellison,2007;Tindall *et al.*,2003)。而在跨地域、跨时点的研究中,上述环境行为生理性别差异的结论在不同国家或相同国家的不同时期并不完全相同,甚至出现了反转(Hunter *et al.*,2004;Xiao & Hong,2017)。如基于中国综合调查数据的研究发现,在 2003 年与 2010 年的调查结果中,中国公众的私域环境行为从没有显著差异转变为女性显著多于男性,公域环境行为从男性多于女性转变为生理性别之间没有显著差异。

具体来看,研究人员对于生理性别差异如何影响环境行为,即环境行为生理性别差异的理论解释,主要关注如下几个方面:

一是关注性别化社会角色(Gendered Social Role)的影响。大部分地区的社会文化支持将女性限定在私域,在分工上承担养育子女、照顾家庭的角色,照顾角色使女性更关注周边其他人的需要,因而更关注环境的变化,采取更多有利于保护环境的行为;而男性则被期待成为家庭经济的支持者角色,其特征是通过竞争获取足够的资源以维持家庭需要,因此男性更倾向于对自然环境采取征服、掠夺的行为。研究人员提出了家务分工(Division of Housework)、父母身份(Parental Role)等经验指标解释为何在私域行为方面存在显著的男女差异,其中部分指标得到了实证数据一定程度的支持(Oates & McDonald,2006;Pirani & Secordi,2011;Xiao & Hong,2010,2017)。而用可用闲暇时间变量(McAdam,1986)致力于解释女性为何仅在私域方面体现较多环境友好行为,而并未在公域环境行为方面有突出表现。其认为,即使当代女性从事了有酬工作,仍然会被要求承担照顾孩子、做家务等照顾性角色(Hochschild,1989),因此女性承担了"双重压力",只能参与时间、精力成本更低的私域环境行为。而对于需要投入个人更多时间成本的公域环境行为,则因为闲暇不足而参与度降低。该变量的操作化指标有就业状况、婚姻状况、父母状况与年龄等,不少研究的经验结论支持了上述解释(Tindall *et al.*,2003;Beyerlein &

Hipp,2006;Xiao & McCright,2014)。

二是从环境态度与环境行为关系的角度出发。比如 VBN 理论(Stern *et al.*, 1999)认为环境态度与环境行为受到一般价值观的形塑,比如利他主义价值观、利己主义价值观、传统价值观等。研究发现女性比男性持有更高水平的利他主义价值观(Dietz *et al.*,2002),而利他主义价值观有助于形成高水平的环境关心,因此女性会呈现出更多的环境关心,进而采取更多有利于环境保护的行为(Newman & Fernandes,2016;Xiao & Hong,2017)。后物质主义价值观也是环境生理性别差异研究中较为常见的中介变量之一,但是在现有研究中关于后物质主义价值观对环境态度影响的结论并不统一,有的研究认为后物质主义价值观是公众更为关心环境的重要原因(Tindall *et al.*,2003),但更多研究发现后物质主义价值观并不能成为环境态度与环境行为关系的有效中介变量,经验研究甚至发现后物质主义价值观会减少生理性别之间的环境行为差异(Xiao & Hong,2017)。

此外,环境知识也是环境行为生理性别差异研究中作为中介变量检验较多的指标,但是在不同研究中其中介作用并不一致。大部分研究认为,女性比男性的环境知识水平更低(Hayes,2001;McCright,2010),最初研究人员认为环境支持对环境关心有反向影响,即环境知识越少,环境关心越高(Davidson & Freudenburg,1996),但后来的很多经验研究发现环境知识与环境关心、环境行为之间存在正向关系(Hayes,2001;Newman & Fernandes,2016;Xiao & Hong,2017),因此,环境知识对环境行为的影响有待进一步检验。

如前所述,虽然生理性别对环境关心的影响研究已经进行了多层面、多路径的分析,但经过梳理,笔者发现这些既有研究仍存在以下几方面问题:第一,在大部分支持女性比男性更多参与私域环境行为的研究中,女性与男性之间的差异水平并不大,或仅在特定条件下存在显著差异(Blocker & Eckberg,1997;Chanin,2018;Dietz *et al.*,2002;Xiao & McCright,2014)。第二,对性别化社会角色解释所提出的测量指标,并未获得经验研究的一致支持。比如父母身份解释指标,在对女性的分析结果中父母身份对私域环境行为呈现正向影响,而对男性的分析结果却并没有相同发现(Blocker & Eckberg,1997;Xiao & McCright,2014)。第三,在公域环境行为的生理性别差异研究中,研究结论存在巨大差异,远未形成共识。

综上,笔者认为环境行为生理性别差异结果的不确定性与解释变量的多样性及混杂性,一方面与环境行为影响因素本身的复杂性有关,另一方面也与生理性别二元测量过于粗糙有关,简单的二元划分忽略了生理性别内部在环境行为方面的诸多差异,很难在解释路径方面达成共识。因此,本章采用更精细的社会性别测量,促进我们对环境行为变异的理解与解释。

7.2　研究假设与分析策略

7.2.1　研究假设

首先,性别社会化理论认为社会文化以个体生理性别为依据通过示范、强化、惩罚、激励等各种形式,倾向于使个体接纳并内化社会文化中关于两性角色的理解。传统性别文化以父权制、等级制为基础,对性别角色塑造持固定化倾向,即个体所受社会文化塑造程度越深,越倾向于支持固定的、传统的、刻板的性别角色。而等级制、固定化的性别角色观念使个体倾向于对环境采取等级化的压制、征服态度,从而更少实施有利于环境保护的行为。相反,持有非等级制的、平等多元的现代性别角色观念的个体,其环境保护行为也越多。由此提出假设1。

假设1:大学生的性别角色观念越多元、越平等,参与私域环境行为与公域环境行为的程度越高。

其次,不同个体之间的平等同人类与环境中其他存在物的平等具有一致的价值基础。性别平等态度是对不同个体在家庭、社会等领域具有的地位、权利、责任的测量。采取有效的环境行为,意味着将人类看作环境中的一部分,承认人类与环境的依存关系,从而有意识地约束自己的行为,促进环境质量的提升。因此性别平等态度与环境友好行为之间由于价值基础相同而具有亲和性,据此提出假设 2。

假设 2:大学生持有性别平等态度越强烈,参与私域环境行为与公域环境行为的程度越高。

再次,性别气质呈现代表社会文化规范对男女两性特征行为规范的塑造,是社会文化规范在个体身上内化的结果。个体越呈现出与传统性别规范相反或多元的性别气质,表示个体内化的传统性别规范越少。在以经济增长为主要目标的社会中,人们的环境行为以改造、利用环境为主,而自觉约束自己的行为、在行动上保护与恢复环境的环境友好行为是对主流社会行为的挑战。因此,性别气质呈现的多元和反传统与自觉地采取环境保护行为具有相同的立场,据此提出假设 3。

假设 3:性别气质呈现越多元、越反传统性别规范的大学生,私域环境行为与公域环境行为参与程度越高。

7.2.2 分析策略

本章采取如下分析策略:首先,对环境行为的调查结果进行描述与检验,从私域环境行为与公域环境行为两个维度分别检验其测量的信度与效度。其次,考察生理性别对大学生两类环境行为的影响,作为比较研究的基础,同时检验环境知识对环境行为的中介作用情况。再次,从性别角色观念、性别平等态度与性别气质呈现三个维度分别考察大学生的社会性别特征与两类环境行为的关系,与生理性别分析的结果对比,得出本章结论。

7.3 环境行为的测量

为便于与既有研究对比,本书对环境行为的测量沿用公域环境行为与私域环境行为的分类,选用中国综合社会调查的环境行为量表作为测量工具,其内容包含 10 个行为陈述,询问被访者在过去的一年中参与这 10 项不同的环境友好行为的频率(参见表 7—1)。被访者对环境行为的态度包含从不、偶尔和经常三种,分别赋分值为 1 分、2 分和 3 分,得分越高,表示参与该类环境行为的频率越高。量表全部项目的克朗巴赫 α 系数为 0.706,内部一致性程度在可接受范围内。基于量表的表面效度及主成分分析结果,将项目 1、2、3、4、6 作为私域环境行为指标,将项目 5、7、8、9、10 作为公域环境行为指标。

表 7—1　　　　　　　　　　环境行为项目及其频率　　　　　　　　单位:%

项　目	从不	偶尔	经常
1. 垃圾分类投放	12.1	52.0	35.9
2. 与自己的亲戚朋友讨论环保问题	20.0	67.2	12.8
3. 采购日常用品时自己带购物篮或购物袋	16.4	45.5	38.1
4. 对塑料包装袋进行重复利用	5.0	28.9	66.1
5. 为环境保护捐款	51.9	42.9	5.2
6. 主动关注广播、电视和报刊中报道的环境问题和环保信息	16.0	64.2	19.8
7. 积极参加政府和单位组织的环境宣传教育活动	38.3	53.2	8.5
8. 积极参加民间环保团体举办的环保活动	44.8	47.1	8.1
9. 自费养护树林或绿地	70.7	23.9	5.4
10. 积极参加要求解决环境问题的投诉、上诉	67.2	27.2	5.6

注:缺失值被重新编码为中位值。

对环境行为的检验主要是针对私域环境行为、公域环境行为与总环境行为三个指标的生理性别差异 t 检验(参见表 7—2)。从生理性别间的比较来看,私域环境行为与总环境行为都呈现出生理性别上的显著差异,女性环境行为水平显著高于男性。公域环境行为在两性间没有显著差异,即两性有相同的公域环境行为参与度。而从生理性别内部比较来看,无论男性还是女性,私域环境行为的参与程度都显著高于公域环境行为。这一结果与中国综合社会调查(CGSS)数据的分析结果相一致[①](洪大用和肖晨阳,2012;Xiao & Hong,2017),大学生环境行为的调查结果也有类似的发现(沈昊婧等,2010),说明本研究的测量结果具有较好的建构效度。

表 7—2　　　　　　　　环境行为生理性别差异的均值比较

	私域环境行为***		公域环境行为		总环境行为	
	女性	男性	女性	男性	女性	男性
均值	11.21	10.70	7.56	7.68	18.77	18.38
标准差	1.72	1.98	2.05	2.27	2.98	3.54

注:*** $p < 0.001$,** $p < 0.01$,* $p < 0.05$。

7.4　生理性别与环境行为

根据本章假设,拟比较社会性别与生理性别在环境行为解释能力方面的变化,在此首先检验生理性别与私域环境行为、公域环境行为的关系。基于已有文献对环境知识中介作用的发现,为了验证环境知识在生理性别与环境行为之间的中介作用,本研究分别建立不包含中介变量(环境知识)的结构方程模型 7a—1 与包含中介变量(环境知识)的结构方程模型 7a—2(参见图 7—1)。

模型 7a—1 中生理性别为自变量,其中,年龄、民族、父母受教育程度、户籍、政治身份、消费水平、专业类别、学校类型、问卷类型为控制变量,私域环境行为与公域环境行为为因变量。在模型 7a—1 的基础上加

---

① 基于中国综合社会调查数据的分析显示,公众生理性别与环境行为之间关系依据行为类型不同而有所差异。在私域环境行为方面,CGSS 2003 的数据结果显示生理性别之间没有显著差异,CGSS 2010 发现女性参与私域环境行为高于男性;在公域环境行为方面,CGSS 2003 数据显示男性的公域环境行为参与度高于女性,而 CGSS 2010 却发现公域环境行为不存在生理性别间的显著差异。

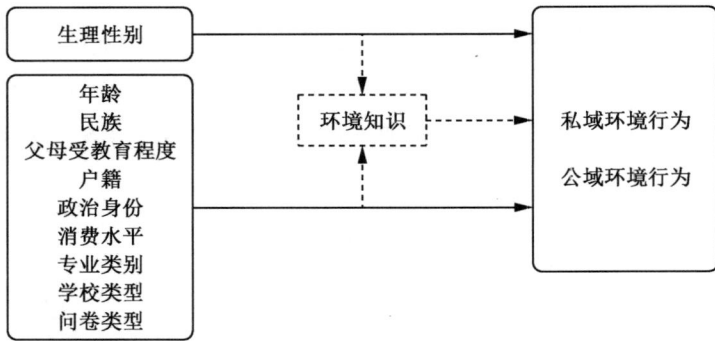

图 7—1 生理性别与环境行为分析路径

入中介变量环境知识(图中虚线部分),建立模型 7a—2。模型中私域环境行为与公域环境行为是一阶潜变量,各自负载于 5 个观测项目,其余变量均为显变量,各显变量的定义与具体取值见表 3—9。环境知识测量采用洪大用设计的中国版环境知识量表(CEKS),由 10 个观测项目得分累加构成,取值在 1~10 分,得分越高,说明环境知识水平越高。

本节分析结果分三部分报告,首先是私域环境行为与公域环境行为测量模型结果,其次是模型 7a—1 生理性别与私域环境行为、公域环境行为的分析结果,最后是模型 7a—2 的环境知识中介模型结果。

首先,根据模型 7a—1 分析结果看私域环境行为与公域环境行为的测量模型结果,见表 7—3(模型 7a—2 的测量模型结果与表中结果相近,不再重复报告)。所有因子载荷都具有统计显著性($p < 0.001$),私域环境行为的因子载荷值在 0.250~0.609,项目 1 与项目 4 因子载荷值较低,但四舍五入可以达到 0.3 的载荷值标准,公域环境行为的因子载荷值在 0.410~0.790,说明两个潜变量有着较好的测量信度。因此,可以认为环境行为量表较好测量了私域环境行为与公域环境行为两个潜变量。

表 7-3   私域环境行为与公域环境行为测量模型结果

	项　目	因子载荷
私域环境行为	项目 1	0.250
	项目 2	0.578
	项目 3	0.292
	项目 4	0.256
	项目 6	0.609
公域环境行为	项目 5	0.498
	项目 7	0.790
	项目 8	0.770
	项目 9	0.410
	项目 10	0.448

注:两潜变量残差相关系数为 0.603。

　　其次,看模型 7a-1 生理性别与私域环境行为、公域环境行为的分析结果(见表 7-4)。模型总体拟合较好,各项拟合指数表明模型与数据有较高吻合度。

表 7-4   生理性别与私域环境行为、公域环境行为的标准化回归系数
(模型 7a-1)

	私域环境行为	公域环境行为
生理性别(男性=1)	-0.103*	0.012
年龄	-0.029	-0.085**
民族(汉族=1)	0.02	-0.032
父母受教育程度	0.182***	0.132***
户籍(非农业=1)	-0.066	-0.135***
政治身份(党员=1)	0.101**	0.074*
专业类别(人文社科类=1)	-0.008	-0.058
消费水平	0.009	-0.026
学校类型 2	-0.025	-0.016

续表

	私域环境行为	公域环境行为
学校类型 3	0.252*	0.354***
问卷类型 2	−0.163**	−0.181***
问卷类型 3	−0.239**	−0.215**
R^2	0.057	0.052
模型拟合指标	$\chi^2/df=3.351$ $CFI=0.963$ $GFI=0.974$ $AGFI=0.948$ $NFI=0.948$ $RMSEA=0.041$	

注：*** $p<0.001$，** $p<0.01$，* $p<0.05$。

从私域环境行为分析结果看，模型总体 R^2 值为 0.057，说明包括生理性别在内的社会人口变量总共解释了私域环境行为变异的 5.7%。具体看自变量的标准化回归系数可知，生理性别、父母受教育程度、是否党员、学校类型、问卷类型都对私域环境行为有显著影响。其中，父母受教育程度越高、具有中共党员身份的大学生参与私域环境行为的水平更高，学校类型产生的集群效应对大学生私域环境行为也有显著影响。在控制以上变量的基础上，生理性别对私域环境行为有显著影响，女大学生比男大学生更多参与私域环境行为。

公域环境行为分析结果显示，模型 R^2 值为 0.052，模型共解释了公域环境行为变异的 5.2%。具体来看，年龄、父母受教育程度、入学前户籍性质、党员身份、学校类型与问卷类型都对大学生的公域环境行为有显著影响，年龄越小、父母受教育程度越高、入学前为农业户籍、具有中共党员身份的大学生，参与公域环境行为更多。此外，公域环境行为受大学生所在学校类型的影响，说明大学生公域行为受到集聚效应的影响。生理性别对大学生的公域环境行为没有显著影响。

最后，模型 7a−2 的分析结果见表 7−5。引入环境知识作为中介变量后，整体各项拟合值较好，模型与数据吻合度高。大学生的环境知识在生理性别、年龄、民族、父母受教育程度、所学专业类别、消费水平、学校类型之间都存在显著差异，其中女大学生的环境知识水平高于男大学生。

以下重点关注环境知识对生理性别与环境行为之间的中介作用。

表 7-5　　生理性别与私域环境行为、公域环境行为的标准化直接效应
与间接效应[①]（模型 7a-2）

	环境知识	私域环境行为		公域环境行为	
		直接效应	间接效应	直接效应	间接效应
生理性别（男性＝1）	−0.088**	−0.096*	−0.007*	0.009	0.003
年龄	−0.102***	−0.021	0.006*	−0.088**	−0.002
民族（汉族＝1）	0.071*	0.014	−0.008*	−0.030	0.003
父母受教育程度	0.075*	0.176***	0.006*	0.135***	−0.003
户籍（非农业＝1）	0.002	−0.066	0.000	−0.135***	0.000
政治身份（党员＝1）	−0.019	0.102**	−0.002	0.073*	0.001
专业类别（人文社科类＝1）	−0.090*	0.000	−0.005*	−0.062	0.002
消费水平	−0.095*	0.014	−0.007*	−0.028	0.003
学校类型 2	0.130**	−0.035	0.011*	−0.011	−0.004
学校类型 3	0.066	0.246*	0.005	0.357***	−0.002
问卷类型 2	0.045	−0.166**	0.004	−0.180***	−0.002
问卷类型 3	0.047	−0.243**	0.004	−0.214**	−0.002
环境知识	—	0.083*	—	−0.037	—
R^2	0.051	0.064		0.053	
模型拟合指标	$\chi^2/df=3.391$　$CFI=0.960$　$GFI=0.973$ $AGFI=0.945 NFI=0.945$　$RMSEA=0.041$				

注：*** $p<0.001$，** $p<0.01$，* $p<0.05$。

对大学生私域环境行为来说，环境知识对生理性别、年龄、民族、父母
受教育程度、专业类别、消费水平、学校类型的中介效应都具有统计显著
性。其中对生理性别的中介影响为负值，即由于女大学生的环境知识水
平高于男大学生，从而女大学生比男大学生更多参与私域环境行为。再
看标准化回归系数的具体取值，环境知识的间接效应规模仅为 0.007，与

① 间接效应的显著性检验采用经过误差修正的拔靴法得到（bootstrap＝1 000）。

总效应相比，规模太小，可近似忽略。

对大学生公域环境行为来说，环境知识的间接效应全部没有统计显著性。尽管生理性别之间存在环境知识的显著差异，但环境知识本身对公域行为的直接影响并不显著，说明在大学生公域环境行为分析中环境知识不是有效的中介变量。

综合以上分析可知，对大学生私域环境行为来说，生理性别之间存在显著差异，女大学生参与私域环境行为多于男大学生，环境知识具有显著中介效应，但规模非常小，可以忽略。而大学生的公域环境行为并没有呈现出生理性别之间的差异，环境知识也没有形成有效的中介影响。

7.5　社会性别与环境行为

对于社会性别变量与环境行为的分析，主要采用结构方程模型进行性别角色观念、性别平等态度与性别气质呈现三个社会性别特征与私域环境行为、公域环境行为关系的分析。本文针对三个维度的分析，均建立了不包含环境知识的模型 7b—1、7c—1 和 7d—1，与包含环境知识中介变量的模型 7b—2、7c—2 和 7d—2，从分析结果看环境知识对各个社会性别维度与私域环境行为、公域环境行为关系中间接效应均不明显，其中对性别角色观念的间接效应为 0。因此，在以下分析中不再报告含有中介变量的模型分析结果。以下结构分析的路径见图 7—2，左侧虚线框内三个社会性别维度潜变量分别进入模型，右侧实线框内年龄、民族、父母受教育程度、户籍、政治身份、消费水平、专业类别、学校类型与问卷类型作为控制变量（各控制变量定义与测量详见表 3—9），私域环境行为与公域环境行为作为因变量，分别建立模型 7b、7c 和 7d。

7.5.1　性别角色观念与环境行为

性别角色观念及其他社会人口变量作自变量，私域环境行为、公域环境行为作因变量，建立模型 7b。其中性别角色观念为二阶潜变量，包含

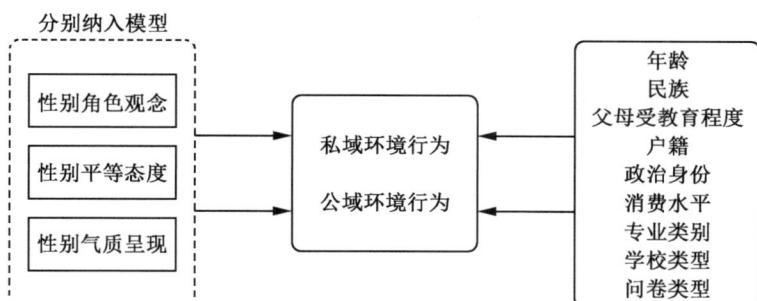

图 7—2 社会性别三维度与环境行为分析路径

17 个观测项目、5 个一阶因子,其水平越高,代表性别角色观念越现代,越支持多元性别角色。私域环境行为与公域环境行为各负载于 5 个观测项目,得分越高,表示该类环境行为参与度越高。模型其他变量均为显变量。

从多个拟合指标结果来看,模型整体拟合值较好,显示调查数据支持设定模型结构(见表 7—6)。测量模型结果由于篇幅所限未在表 7—6 中呈现。性别角色观念的一阶因子载荷、二阶因子载荷与私域环境行为因子载荷、公域环境因子载荷共 29 项因子载荷全部具有统计显著性($p <$ 0.001),其载荷值在 0.259～0.927,三项偏低的因子载荷值也接近 0.3 的临界标准,说明测量模型有较好的测量信度。

表 7—6 性别角色观念与私域环境行为、公域环境行为结构模型的标准化回归系数(模型 7b)

	私域环境行为	公域环境行为
性别角色观念	0.205***	−0.117***
年龄	−0.019	−0.088**
民族(汉族=1)	0.032	−0.031
父母受教育程度	0.190***	0.136***
户籍(非农业=1)	−0.063	−0.133***

续表

	私域环境行为	公域环境行为
政治身份(党员＝1)	0.102**	0.071*
专业类别(人文社科类＝1)	0.008	－0.046
消费水平	－0.006	－0.025
学校类型2	－0.035	－0.005
学校类型3	0.280**	0.343***
问卷类型2	－0.184**	－0.169***
问卷类型3	－0.258**	－0.203**
R^2	0.090	0.064
模型拟合指标	$\chi^2/df=2.997$　$CFI=0.929$　$GFI=0.937$ $AGFI=0.919$　$IFI=0.930$　$RMSEA=0.038$	

注：*** $p<0.001$，** $p<0.01$，* $p<0.05$。

性别角色观念与私域环境行为的分析结果显示，模型 R^2 值为 0.090，模型共解释了私域环境行为变异的 9.0%，与具有同样自变量结构的生理性别模型 7a－1 相比，模型解释力有显著提高，增加了 57.9%。具体看各自变量的标准化回归系数，性别角色观念与私域环境行为的系数值为 0.205，具有越现代的性别角色观念，越支持多元性别角色的大学生，私域环境行为的参与程度越高。从绝对数值来看，性别角色观念的标准化回归系数远远大于生理性别(0.103)。数据分析表明性别角色观念比生理性别对私域环境行为有更强的解释能力。假设 1 在私域环境行为方面得到证实。

再看性别角色观念与公域环境行为的关系，模型 R^2 值为 0.064，与同样结构的生理性别模型 7a－1 相比，模型解释力增加了 23.1%。从具体标准化回归系数看，生理性别对公域环境行为没有显著影响，而性别角色观念与公域环境行为之间具有负相关关系，其系数值为 0.117。分析结果说明性别角色观念越多元、越现代的大学生，越少参与公域环境行为。公域环境行为结果与假设 1 相悖。

此外,除性别角色观念,父母受教育程度及具有中共党员身份对大学生的私域环境行为参与有促进作用,年龄、父母受教育程度、入学前户籍身份、中共党员身份对大学生的公域环境行为有显著影响。学校类型与问卷类型对私域环境行为与公域环境行为都有显著影响。

7.5.2　性别平等态度与环境行为

根据图 7-2 建立性别平等态度与私域环境行为、公域环境行为的结构方程模型 7c,结构模型分析结果见表 7-7。模型各项整体拟合值较好,与数据有较好的吻合度。性别平等态度为二阶潜变量,含 4 个一阶因子与 15 个观测项目,其一阶因子载荷值在 0.330~0.807,二阶因子载荷值在 0.762~0.932,全部具有统计显著性($p < 0.001$)。私域环境行为的因子载荷值在 0.258~0.609,公域环境行为的因子载荷值在 0.436~0.776,接近或超过 0.3,均具有统计显著性($p < 0.001$)。可知测量模型信度水平较高。

表 7-7　性别平等态度与私域环境行为、公域环境行为结构模型的标准化回归系数(模型 7c)

	私域环境行为	公域环境行为
性别平等态度	0.140**	-0.147***
年龄	-0.029	-0.090**
民族(汉族=1)	0.021	-0.032
父母受教育程度	0.184***	0.136***
户籍(非农业=1)	-0.071	-0.130***
政治身份(党员=1)	0.104**	0.070*
专业类别(人文社科类=1)	-0.009	-0.041
消费水平	0.008	-0.021
学校类型 2	-0.033	0.016
学校类型 3	0.255*	0.358***
问卷类型 2	-0.169**	-0.171***

	私域环境行为	公域环境行为
问卷类型3	-0.241^{**}	-0.207^{**}
R^2	0.065	0.071
模型拟合指标	$\chi^2/df=3.247$ $CFI=0.929$ $GFI=0.937$	
	$AGFI=0.917$ $NFI=0.902$ $RMSEA=0.040$	

注：$^{***}p<0.001,^{**}p<0.01,^{*}p<0.05$。

对私域环境行为,结构模型的结果显示 R^2 值为0.065,模型共解释了私域环境行为变异的6.5%,比生理性别模型7a—1的解释力略有上升。看具体标准化回归系数,性别平等态度对私域环境行为有显著正向影响,系数为0.140,说明越支持性别平等关系的大学生,私域环境行为参与度越高。从绝对值看,比生理性别的标准化回归系数绝对值(0.102),系数有一定程度增长,说明性别平等态度比生理性别对私域环境行为原因的解释力稍有增加。假设2在私域环境行为方面得到证实。另外,私域环境行为在父母受教育程度、是否为中共党员身份、学校类型与问卷类型中也存在显著差异,但仅作为控制变量考虑,不予讨论。

再看公域环境行为,模型 R^2 值为0.071,性别平等态度模型比生理性别模型对公域环境行为变异的解释能力提升了35.5%。从标准化回归系数的具体数值来看,性别平等态度与公域环境行为的相关系数值为0.147,与生理性别对公域环境行为的影响不具有显著性相比,性别平等态度显著影响大学生公域环境行为的参与程度。另外,值得关注的是,性别平等态度与公域环境行为之间呈负相关关系,即越持有两性不平等态度的个体,越多参与公域环境行为。假设2在公域环境行为方面未得到支持。其他社会人口变量中,年龄、父母受教育程度、入学前户籍性质、中共党员身份、学校类型及问卷类型均对公域环境行为有显著影响,但在本模型中社会人口变量作为控制变量考虑,不予讨论。

7.5.3　性别气质呈现与环境行为

以生理性别为分组变量,男性气质呈现与女性气质呈现两个潜变量与社会人口变量共同作为自变量,私域环境行为与公域环境行为作为因变量,建立结构方程模型 7d。从表 7—8 的分析结果看,多项模型拟合值均达到拟合标准要求,模型与数据具有较好的拟合度。

表 7—8　　　性别气质呈现与私域环境行为、公域环境行为结构模型的
标准化回归系数(模型 7d)

	环境行为			
	生理男性		生理女性	
	私域环境行为	公域环境行为	私域环境行为	公域环境行为
男性气质呈现	0.408***	0.232**	0.325***	0.134**
女性气质呈现	−0.014	0.066	0.075	0.150***
年龄	−0.135*	−0.096	−0.008	−0.096*
民族(汉族=1)	0.015	−0.061	0.026	−0.013
父母受教育程度	0.208**	0.122	0.125*	0.131**
户籍 (非农业=1)	−0.138	−0.164**	−0.005	−0.108*
政治身份 (党员=1)	0.162**	0.081	0.040	0.053
专业类别 (人文社科类=1)	−0.010	−0.032	−0.011	−0.073
消费水平	−0.022	−0.106*	−0.038	−0.021
学校类型 2	−0.074	−0.062	−0.048	−0.006
学校类型 3	0.254	0.283*	0.144	0.343**
问卷类型 2	−0.123	−0.186*	−0.095	−0.120
问卷类型 3	−0.337*	−0.254*	−0.135	−0.170
R^2	0.244	0.136	0.156	0.106
模型拟合指标	$\chi^2/df=1.892$　$CFI=0.912$　$IFI=0.914$ $GFI=0.884$　$RMSEA=0.025$			

注:*** $p<0.001$,** $p<0.01$,* $p<0.05$。

测量模型结果未在表 7—8 中报告。其中,男大学生中男性气质呈现与女性气质呈现的 38 个因子载荷,34 个载荷值在 0.3 以上,其中 4 个观

测指标的因子载荷值未达到 0.3。女大学生中,38 个因子载荷值中仅有 1 个观测指标未达 0.3,其余 37 个因子载荷值均在 0.3 及以上,所有因子载荷值在 0.001 水平上具有统计显著性。如前文所述,根据以往文献对测量模型因子载荷的讨论,笔者选择接纳该测量模型。因变量私域环境行为与公域环境行为分别负载于 5 个观测项目,因子载荷值在 0.271～0.818,均具有 0.001 水平上的统计显著性。

结构模型部分的结果见表 7-8,总体来看,生理性别对性别气质呈现与环境行为之间的关系具有调节作用。具体表现在,男大学生的男性气质呈现对其私域环境行为、公域环境行为都具有显著正向影响,标准化回归系数分别达到了 0.408 与 0.232,呈现出更多男性气质的男大学生,其私域环境行为与公域环境行为的参与度越高,而女性气质呈现对其环境行为没有显著影响。对女大学生来说,男性气质呈现越多,越有助于其更多实施私域环境行为,而两种性别气质的多元呈现对其公域环境行为都有积极影响,假设 3 中多元的、挑战传统性别规范的气质呈现与环境行为之间的正相关关系,在女大学生中得到支持。从模型整体解释力来看,与生理性别测量相比,性别气质呈现各模型 R^2 值均有较大幅度提升。尤其在私域环境行为模型中,解释力达到 24.4%,提升幅度最大。

此外,年龄、党员身份、父母受教育程度对私域环境行为有显著影响,年龄、户籍性质、父母受教育程度对公域环境行为有显著影响。

7.6 小 结

环境行为标示了个体对环境采取的行为倾向特征,是个体环境关心的外显指标。梳理文献发现,环境行为影响要素的研究是环境行为研究中的重要内容之一,研究人员致力于建构一般性的解释框架以理解和把握环境行为的变化规律。大部分研究将环境行为划分为私域环境行为与公域环境行为两类。为掌握各类环境行为在不同人群中的分布状况,分析生理性别、年龄、种族、受教育程度、收入等社会经济变量对各类环境行为的影响成为环境行为研究的重要内容。

　　既往研究发现,环境行为在不同生理性别中的分布状况随研究关注的环境行为类型、研究的地域、调查的时点等发生变化(Hunter *et al.*,2004)。在私域环境行为中,较多的研究结论支持女性比男性有更高的私域环境行为参与度,但也有特定时点、特定国家存在反转的情况(龚文娟,2008;Hunter *et al.*,2004;Tindall *et al.*,2003)。而对公域环境行为的生理性别差异,目前仍没有一致的看法,有的研究发现生理性别之间不存在公域环境行为的显著差异,也有的研究发现男性比女性更多参与公域环境行为(龚文娟,2008;Sherkat & Ellison,2007;Tindall *et al.*,2003;魏曙光等,2016)。研究人员对私域环境行为的生理性别差异主要从性别社会化路径与价值观—态度—行为路径做出探索,尽管部分经验指标获得了一些实证数据支持,但两种路径在不同国家、不同类型环境行为的解释方面仍面临适用性方面的诸多挑战。基于私域环境行为研究的以上现状,以及公域环境行为生理性别差异发现的混杂性,本章采用了三个更精细的社会性别测量工具,更大程度地解释了各类环境行为受社会性别影响的变异规律。

　　与生理性别相比,改进后的社会性别测量方式不同程度增加了对私域环境行为与公域环境行为变异的理解[①],本章四个主要模型的检验结果见表7—9。

表7—9　　生理性别、社会性别与私域环境行为及公域环境行为的
　　　　　　多模型检验结果比较

		私域环境行为		公域环境行为	
		标准化回归系数	模型 R^2	标准化回归系数	模型 R^2
模型 7a—1	生理性别	−0.103*	0.057	0.012	0.052

----

　　① 由于四个模型中除社会性别变量不同外,其他自变量完全一致,因此模型总体解释能力可以相互比较,模型 R^2 的差异主要体现的是社会性别测量改变所带来的对因变量解释力的变化。

		私域环境行为		公域环境行为	
		标准化回归系数	模型 R^2	标准化回归系数	模型 R^2
模型 7b	性别角色观念	0.205***	0.090	−0.117***	0.064
模型 7c	性别平等态度	0.140**	0.065	−0.147***	0.071
模型 7d	男性气质呈现	0.408***（男） 0.325***（女）	0.244（男）	0.232**（男） 0.134**（女）	0.136（男）
	女性气质呈现	−0.014（男） 0.075（女）	0.156（女）	0.056（男） 0.150***（女）	0.106（女）

注：*** $p<0.001$，** $p<0.01$，* $p<0.05$。

生理性别对私域环境行为有显著影响，女大学生比男大学生更多参与私域环境行为，而生理性别对公域环境行为的影响并不显著，这些发现与既往研究结论具有一致性。

性别角色观念模型①检验结果显示：持有更现代的性别角色观念，更支持多元性别角色的大学生参与私域环境行为。而相反，性别角色观念越现代，越会阻碍个体参与公域环境行为。与生理性别的标准化回归系数相比，在私域环境行为方面，性别角色观念的回归系数大幅提高，对私域环境行为变异的解释力提高了 57.9%；在公域环境行为方面，性别变量的系数从不显著变为显著，系数大大提高，模型对公域环境行为的整体解释力提高了 23.1%。假设 1 仅在私域环境行为方面得到支持，在公域环境行为方面未获支持。

性别平等态度模型检验结果显示：性别平等态度对私域环境行为有显著的促进作用，即越支持性别平等的大学生，私域环境行为参与越多。但与此相反的是，越支持性别平等的大学生，公域环境行为参与越少。比较性别平等态度对两种环境行为的解释能力，与生理性别模型相比，模型解释能力有不同程度的提高，私域环境行为与公域环境行为分别提高了

① 为表述方便，将模型 7a−1 称为生理性别模型，将模型 7b 称为性别角色观念模型，将模型 7c 称为性别平等态度模型，将模型 7d 称为性别气质呈现模型。

14.0％与 36.5％,对公域环境行为的解释力提升更多。假设 2 仅在私域环境行为方面得到支持,在公域环境行为方面未获支持。

　　性别气质呈现模型根据生理性别进行了分组,在男大学生中,男性气质呈现对私域环境行为与公域环境行为均有显著正向影响,而女性气质呈现对大学生实施环境行为没有显著影响。在女大学生中,呈现更多男性气质有助于其参与私域环境行为,而两种性别气质呈现都对公域环境行为有正向影响,假设 3 在女大学生中得到支持。

　　四个模型分析结果的比较发现,第一,与生理性别相比,更精细的社会性别测量对私域环境行为与公域环境行为变异的解释程度都有提高,说明社会性别测量方式的改进使更多的社会性别特征被捕捉,对于更大程度理解环境行为的变化有显著促进;第二,性别角色观念与性别平等态度维度的分析分别体现了现代社会性别角色与性别平等价值观两种社会性别特征对环境行为的影响,针对不同类型的环境行为,其影响方向与程度有所差异。越支持多元性别角色观念、性别平等态度的大学生呈现越友好的私域环境行为,表明持有社会性别间更现代、更平等认知的社会性别图式有助于大学生参与私域环境行为,但同时会阻碍其参与公域环境行为。无论其生理性别,男性气质呈现对大学生的公域环境行为与私域环境行为都有促进作用;女性气质呈现仅对女大学生的公域环境行为有显著正向影响,而对男大学生的环境行为无显著影响。

第 8 章　研究结论与讨论

时至今日,似乎已经鲜少有人会再去对环境问题的真实性提出疑问。大量的科学研究证据表明,人类活动潜在的各种不利环境影响对于许多环境问题都负有不可推卸的责任,是目前局部地区环境退化乃至全球环境变化的根源。鉴于此,环境问题的解决有赖于人类环境保护意识的觉醒以及在此基础上对自身失序行为的自觉调整。与此同时,当前环境问题的严重性也需要全球各个国家和地区的政府与环保部门制定更为进取的环境改革方案和环境政策,但经验表明,这些政策和方案的顺利贯彻也需要以广泛的公众支持和参与作为坚实的社会基础。综合来看,公众的环境关心在当前环境治理中扮演着十分关键的角色,在很大程度上影响着环境治理的成效。许多早期的调查研究表明,环境关心存在显著的生理性别差异,与男性相比,女性通常更为关心环境,研究人员称其为环境关心的"生理性别假设",但在进一步的研究中,研究人员发现"生理性别假设"在不同的社会文化情境中呈现出明显的不一致,且既有理论至今尚未能够对此提供有效的解释。

通过文献梳理与分析,本研究认为"生理性别假设"本质上反映的是环境关心的社会性别差异,其面临困境的原因在于简单的二元生理性别测量无法捕捉到社会性别的全部差异。因此,精细、多元的社会性别概念与测量将超越简单、固定的生理性别,为我们理解环境关心提供更开阔的理论视野。基于在北京三所高校大学生的随机抽样调查数据,本研究重点考察了不同测量维度下的社会性别对大学生环境关心的影响。首先，通过回顾社会性别研究领域的经典文献，区别于自然的、不变的二元生理性别，本研究主张一种文化建构的、多元的、流变的社会性别概念，并从性别角色观念、性别平等态度和性别气质呈现三个维度全面测量这一概念。进一步，在确定更为科学的社会性别测量工具的基础上，本研究详细检视了社会性别与包含生态世界观、环境风险认知和环境行为在内的环境关心之间的关系，并将相关发现与生理性别测量下的结果进行了比较分析。

接下来，本章将在回顾第 5 至 7 章各章研究发现的基础上提炼出本研究的一些主要结论，并对这些结论的理论意义展开详细讨论。此外，本章还将对研究存在的一些局限进行深入反思，明确未来研究的方向。

8.1 研究结论

第 5 章着重考察了大学生的社会性别与他们对新生态范式这样一种亲环境生态世界观接纳程度之间的关系。本研究选取了洪大用等人提出的 CNEP 量表测量大学生对新生态范式的相关态度，检验结果表明该量表具有较为良好的测量质量。我们首先分析了生理性别对大学生 CNEP 得分的影响，数据分析结果表明，生理性别具有显著影响，女大学生 CNEP 得分显著高于男大学生，且这种生理性别差异并不能被既有研究所提出的"知识支持假设"完全解释。其次，我们考察了社会性别与大学生 CNEP 得分之间的关系，结果发现：第一，大学生的性别角色观念对其 CNEP 得分具有显著影响，持有越现代、越多元性别角色观念的大学生，在 CNEP 得分上也相应越高，且性别角色观念的影响规模明显高于我们所考察的其他因素；第二，持不同性别平等态度的大学生其 CNEP 得分也具有显著差异，性别平等态度越强烈的大学生，对应的 CNEP 得分也越高，同样，性别平等态度的影响规模明显超过了本研究考虑到的其他所有因素；第三，大学生的 CNEP 得分还会受到性别气质呈现的显著影响，从分析结果来看，男大学生越呈现女性气质，CNEP 得分越高，而对女大学生来说,反传统性别规范的气质呈现未对 CNEP 得分有显著影响。其次,通过比较生理性别和社会性别对大学生 CNEP 得分的影响,我们发现,社会性别比生理性别更多地捕捉到了大学生环境关心的性别差异,对 CNEP 得分的影响也相对更大。

环境风险认知反映了个体对特定环境问题严重程度的主观体验,第 6 章重点要阐明的正是这样一类具体的环境关心是如何受到社会性别因素影响的。首先,本章建构了由空气污染、水污染等 12 个不同类型、不同空间层次的环境议题构成的环境风险认知量表,检验结果表明该量表具有较好的测量质量。利用该量表,本研究分析了生理性别对大学生环境风险认知的影响,结果表明,女大学生环境风险认知要显著高于男大学生,但环境知识只能够解释生理性别对环境风险认知的一小部分影响。接着,该章重点分析了大学生的社会性别与环境风险认知的关系,研究发现:第一,性别角色观念对环境风险认知具有显著的正向影响,性别角色观念越现代、越多元的大学生,其风险认知水平也相应越高;第二,大学生的环境风险认知受其性别平等态度的显著影响,越支持性别平等的大学生,其环境风险认知水平整体上也越高;第三,大学生的特定性别气质呈现也会显著影响其环境风险认知,具体而言,女大学生呈现出越多女性气质,其环境风险认知水平越高,而大学生所呈现的男性气质多少则对环境风险认知水平没有显著影响。其次,比较生理性别与社会性别对大学生环境风险认知的影响发现,总体上,社会性别不仅能够从更多的面向解释大学生环境风险认知水平的差异,其解释效力也更强。

第 7 章主要探讨了大学生的社会性别与其环境行为这样一类外显的环境关心之间的关系。在环境行为的测量方面,本研究选取了中国综合社会调查的环境行为量表,分别测量了公域和私域两大类共计 10 项的具体环境行为。按照惯例,我们首先考察了环境行为的生理性别差异,数据分析结果表明:一方面,生理性别对私域环境行为具有显著影响,女大学生私域环境行为参与度要明显高于男大学生;另一方面,公域环境行为不存在显著的生理性别差异,男大学生和女大学生的公域环境行为参与状况没有太大的差别。此外,无论是私域环境行为还是公域环境行为,其生理性别差异都不能被环境知识完全解释。进一步,该章也详细考察了社会性别对大学生环境行为的影响,数据分析结果发现:第一,性别角色观念对大学生的环境行为具有显著影响,性别角色观念越现代、越多元的大学生,对私域环境行为的参与水平越高,但却更少参与公域环境行为;第二,性别平等态度对大学生环境行为具有显著影响,持有更强烈性别平等态度的大学生对私域环境行为的参与度越高,但对公域环境行为的参与水平越低;第三,大学生的环境行为还会受到其性别气质呈现的影响,在私域环境行为方面,无论其生理性别,大学生呈现的男性气质越多,对私域环境行为的参与度都会相应越高,在公域环境行为方面,男大学生呈现更多男性气质、女大学生呈现两种性别气质都对其实施公域环境行为具有显著的正向影响。最后,通过比较生理性别与社会性别对大学生环境行为的影响,我们还发现,社会性别能够从更多的侧面揭示环境行为的性别差异,且能更有效地解释环境行为。

综合以上各章的主要发现,本研究至少可以得出以下几点较为可靠的初步结论:其一,生理性别对大学生的环境关心具有一定的显著影响,与男大学生相比,女大学生更倾向于接纳新生态范式,其环境风险认知水平也越高,更多地参与私域的环境行为,但这些环境关心的生理性别差异均不能被环境知识完全解释;其二,大学生的环境关心具有显著的社会性别差异,大学生的性别角色观念、性别平等态度和性别气质呈现差异都会对其环境关心具有显著影响;其三,性别角色观念越趋于现代和多元、性别平等态度越强烈以及呈现更多女性气质的大学生,其越可能接纳新生态范式这样一种亲环境的生态世界观,对应的环境风险认知水平越高,对公域环境行为的参与度也相应越高(表 8-1 总结了以上各章关于不同社会性别测量与环境关心关系的所有数据分析结果);其四,与生理性别相比,社会性别整体上能够从更多的侧面揭示各种环境关心的社会性别差异,对环境关心的解释力整体上也要更强。

表 8—1　　　　不同测量下的生理性别、社会性别与环境关心的关系

社会性别测量	类型	生态世界观（对新生态范式的接纳程度）	环境风险认知	环境行为	
				私域环境行为	公域环境行为
生理性别	女	＋	＋	＋	～
	男	－	－	－	～
性别角色观念	现代、多元	＋	＋	＋	－
	传统、刻板	－	－	－	＋
性别平等态度	强	＋	＋	＋	－
	弱	－	－	－	＋
性别气质呈现	多女性气质	＋	＋	～	＋
	少女性气质	－	－	～	－
	多男性气质	～	～	＋	＋
	少男性气质	～	～	－	－

注：＋ 正向影响；－ 负向影响；～ 无影响。

接下来，笔者将沿着第 2 章有关社会性别与环保主义具有图式关联的分析思路，对上述研究结论展开更深入的理论讨论。

8.2　社会性别与环境关心：基于文化协同进化的图式关联

本研究的初步结论表明，与二元生理性别的简单测量相比，采用多元的社会性别考察环境关心，不仅丰富了我们关于社会性别与环境关心之间关系的理解，而且整体上提高了对于环境关心的解释效力。至此，我们似乎已经能够对本研究开篇提出的研究问题给出一个较为明确的答案，即环境关心的社会性别差异更多的是一种基于多元的、后天建构的社会性别的影响。那么，社会性别与环境关心之间是否存在第 2 章所提出的图式关联？如果存在，这种图式关联背后更深层次的形成机制是什么？在本节中，笔者将从本书的经验发现开始，从社会性别文化与现代环保主

义(环境文化)两种文化协同进化的角度尝试解答该问题,并将这一思路
与社会化理论和社会结构理论两条传统解释思路比较,旨在拓展我们对
社会性别与环境关心关系的理解。

　　本研究的数据分析结果发现,不同维度的社会性别图式与环境关心
图式之间具有连贯性,两者之间的图式关联在经验层面得到确认。第 5、
第 6、第 7 章分别对三个不同的社会性别维度与环境关心各层次的关系
进行了分析,各维度指标与环境关心分析结果的标准化回归系数汇总于
表 8—2。从表中数据分析结果来看,除环境行为的个别系数,大部分相
关系数为正值,社会性别三维度与环境关心的大部分层次之间存在显著
正相关关系。性别角色观念越趋于现代和多元、性别平等态度越强烈以
及呈现出女性性别气质的大学生,其越可能接纳新生态范式的亲环境生
态世界观,对应的环境风险认知水平越高,对公域环境行为的参与度也相
应越高。这一规律体现出,现代、多元、平等、女性化的性别图式与生态中
心的价值观、亲环境的认知及公域行为所代表的环境关心图式之间具有
认知结构上的连贯性。

表 8—2　　　　　　　　社会性别与环境关心标准化回归系数汇总表

社会性别	CNEP	环境风险认知	私域环境行为	公域环境行为
性别角色观念	0.335***	0.214***	0.205***	−0.117***
性别平等态度	0.404***	0.201***	0.140**	−0.147***
女性气质呈现	0.181*(男)	0.094(男)	−0.014(男)	0.066(男)
	0.199***(女)	0.088*(女)	0.075(女)	0.150***(女)
男性气质呈现	0.091(男)	0.058(男)	0.408***(男)	0.232***(男)
	0.015(女)	0.057(女)	0.325***(女)	0.134***(女)

　　对于图式关联背后的深层机制,应从两种图式形成的社会文化背景
分析。社会学研究所探讨的社会性别概念明显区别于二元生理性别,尽
管二元生理性别是许多社会学家曾经甚至目前仍在采用的性别测量方
式。一个稍显感性的认识是,在英语学术界,社会(科)学家们在发表有关

性别差异的研究论文时更多的是采用 gender（社会性别）而非 sex（生理性别）的表达。实际上，当我们在 gender 的意义上来使用性别概念时，我们主要是在讨论被社会性制造出来的一种男性化（Being Masculine）和女性化（Being Feminine）的差异，而非基于生物第二性征简单区分出来的男女差异。更进一步来说，我们是在探讨社会所赋予个体的那些男性化或女性化的符号。在个体层次，每个人认同的社会性别符号存在差异，这也决定他们的社会性别分化并不如二元生理性别区分的那般"泾渭分明"，甚至要复杂得多，这其实反映了每个个体独特的社会性别图式。而从图式的形成过程看，个体社会性别图式与社会性别文化（Gender Culture）密不可分。孩童通过观察、学习选择社会文化中与自己、自己性别有关的信息，不断将这些信息纳入自身的社会性别图式，因此，社会性别图式是个人对社会性别文化选择性建构的过程，是个人与社会性别文化建设性互动过程的产物。在此意义上，个体的社会性别图式以社会性别文化为基础。

那么，社会性别文化又该如何分析呢？女性主义思潮以对父权制的批判为基础（Walby，1990），发展形成了不同的女性主义流派，宣扬并实践与传统二元对立的等级制价值观不同的社会性别文化，许多社会性别文化由于具有深厚的社会基础，自被女性主义者提出后绵延发展至今，在当代社会生活中仍然具有旺盛的生命力。如性别平等文化，早期以为女性追求平等的政治权利与经济机会为目标，其政治诉求早已在大多数国家的社会实践中得以实现，但是该流派追求性别平等权利的价值观念，在政治与经济领域之外的更多领域仍然发挥着重要影响。

本研究中社会性别的三个不同维度对环境关心变异的解释力都有不同程度的提高，从社会性别文化角度来讲，可以看作基于以下基础：

首先，多元性别角色价值观与环境关心的关系。多元性别角色观念认为性别角色并非固定不变的，相同生理性别的个体可以持有差异化的性别角色观念。多元性别角色观念的基础是更为一般的多元主义，多元主义鼓励差异，强调个体的独特性和差异化特征，体现在环境议题中即人类与环境的关系并非同质的,而是根据社会情境及个体差异发生变化的、差异化的。因此,环境并不总是作为被压迫和攫取的对象,越支持多元价值观的个体,具有越高的环境关心的可能性,构成了性别角色观念越多元,对待环境的态度越友好,越大程度感受到环境风险这一发现的逻辑基础。

其次,性别平等价值观与环境关心的关系。对性别平等关系的支持意味着对等级制关系的排斥,这种等级制关系不但存在于生理两性之间,同样存在于人类与自然的关系中,这一点在生态女性主义的论述中已有过充分论证。生态女性主义认为生理性别关系中男性对女性的压迫与人类对自然的压迫具有同源性,即都以二元论为基础。性别平等同人类与环境关系的改善两者都不可能单独实现,必须同时进行。因此,持有越强烈的性别平等态度,表示越排斥等级制关系,意味着更接纳以生态中心主义为价值基础的新生态范式、更多认知到人类行为带来的环境风险及采取更多行动以改善不利于环境的行为。

再次,对传统价值观的挑战与环境关心的关系。性别气质呈现程度主要测量了个体呈现出挑战传统性别规范的行为,个体的性别气质呈现越不符合传统性别规范的期待,则具有越高的反叛价值,而环境关心作为与人类例外范式相对立的生态中心价值观的表现,也体现了对人类中心主义传统价值观的反叛。从这个意义上讲,两种文化具有相同的价值基础,呈现越多反生理性别气质的个体具有越高的环境关心水平。

从人类社会的发展历程来看,多元、平等、反传统的社会性别文化与支持生态中心主义的现代环保主义的兴起都是人类进入近现代社会以后的事情。第一波女性主义运动兴起于 19 世纪工业化后的欧美国家,平等性别文化也自此出现并得到传播。第二波女性主义运动兴起于 20 世纪中期,又一次推动了社会性别文化的迅速发展,正好与现代环保主义的兴起在时间上重合。两种文化起源于相同的社会基础,在价值主张上具有相似性,因此,两者在个体认知、社会行动等方面呈现出明显的亲和性。

本研究认为,多元平等的社会性别图式与生态中心主义的环境关心图式之间的关联反映的是现代社会性别文化与环保主义两种文化协同发展、共同进化的关系。其表现在,世界范围内的社会经济发展导致了社会文化转型,社会文化转型促使了多元、平等与反传统的性别文化的建构,而同样跟随社会经济进步发展起来的环保主义作为现代性别文化建构的一种场域变化,强化了社会性别建构的新内涵。反过来,现代社会性别文化引发的多元、平等思潮对环保主义价值观的广泛传播与被接纳提供了载体,促进环保主义文化内容的丰富、观念的深化与行动的推广。因此,两种文化间的协同进化是环境关心社会性别差异的实质。

与社会化理论和社会结构理论相比,从两种文化协同发展的角度来理解环境关心的社会性别差异提供了一条更为简明也更具综合性的解释思路。性别社会化理论注意到了男子气质与女子气质两种不同的社会性别文化理念与环境关心之间的契合情况,但该理论并未直接阐明这两类文化的关系,而是借助了一些个体心理变量(如共情能力等)建立二者间的关系,逻辑链条过长,失去了一个好理论应该有的简洁性。与之相反,社会结构理论关注到了个体在不平等社会结构中的体验和倾向对其环境关心的影响,但却未能明确这些体验和倾向究竟是什么内容,其理论解释存在一个明显的“黑箱”(Black Box),有待进一步阐明。或许正因这些理论解释的缺陷,社会化理论和社会结构理论在既有的社会性别与环境关心研究中普遍未能获得有力的证据支持(McCright & Xiao,2014)。从两种文化协同发展的角度理解环境关心的社会性别差异至少具有以下几点优势。第一,直接在理论层面建立社会性别与环境关心之间的关联性,解释更为简洁、明确;第二,社会性别文化具有多维性,有助于更加全面、细致地展现环境关心的社会性别差异;第三,不同历史社会情境下的社会性别文化具有差异性,其与现代环保主义的关系因而具有复杂性,对两者关系的综合分析有助于统合环境关心的社会性别差异在不同时空调查中的不一致发现。整体上看,从社会文化协同进化角度重新理解社会性别与环境关心的关系,可以超越这一研究领域目前面临的研究困境,促进该领域的研究结论今后从分歧逐渐走向共识。

8.3　针对部分研究发现的可能解释

除了上述与研究假设较为一致的发现,本研究有部分发现与假设不同(见表 8-1)。首先是男性气质呈现对大学生环境关心的影响。男性气质呈现的多少对大学生的生态世界观和环境风险认知没有显著影响,却对环境行为影响显著——大学生呈现的男性气质越多,对私域环境行为和公域环境行为的参与度整体上都相应越高。其次是公域环境行为的一些"社会性别反转效应"。现代、多元的性别角色观念以及强性别平等态度可以预测大学生对新生态范式更高的接纳程度以及更高环境风险认知水平,但对应着更低的公域环境行为参与度。一些社会性别测量下环境行为的社会性别差异消失了。女性气质呈现对生态世界观和环境风险认知都有显著影响,但无法预测私域的环境行为;类似的,生理性别对新生态范式、环境风险认知、私域环境行为的影响都显著且一致,但却无法预测公域环境行为参与程度。乍看起来,这些非预期的数据分析结果的确令人感到十分困惑。排除测量质量的干扰,结合既有研究发现,笔者尝试从以下几个方面提出两点可能的解释。

第一个可能的解释是环境行为影响因素的复杂性。鉴于这些研究发现都集中在环境行为维度下,所以我们有理由怀疑,环境行为影响因素的复杂性导致这些非预期的结果。首先,尽管本研究将环境行为作为一种外显的环境关心来测量,但既有研究已经表明,环境行为与通常意义上的新生态范式、环境风险认知等其他环境关心之间存在明显的落差与不一致(周志家,2008),所以社会性别对环境行为与对其他环境关心维度不一致的影响结果似乎也能够理解。其次,既有研究表明,私域环境行为和公域环境行为的影响因素具有很大差异,存在不同的行为逻辑(彭远春,2013),这也可能是导致社会性别对公域环境行为和私域环境行为影响不一致的原因。

第二个可能的解释是个体对环境关心的参与或许并不单单代表对现

代环保主义的信仰或认同。社会性别对公域环境行为的影响与对其他环境关心维度的影响发生了"反转",传统、刻板的性别角色观念以及较弱的性别平等意识这些保守的社会性别文化理念反而能够促进公域环境行为的参与。如果我们对社会性别的相关测量是可靠的、有信心的,那么,个体对公域环境行为的参与可能并不只是取决于他们对现代环保主义的信仰情况。事实上,除了环保主义,我们所测量的诸如"为环境保护捐款""积极参加政府和单位组织的环境宣传教育活动""积极参加民间环保团体举办的环保活动""自费养护树林或绿地""积极参加要求解决环境问题的投诉、上诉"等公域环境行为,在一些层面似乎也涉及了一些其他文化(如"慈善文化""法律文化")的内容理念,这些文化与社会性别文化的关系可能也会扭曲社会性别文化与现代环保主义的关系。

8.4 研究启示

本研究发现环境关心的社会性别差异本质上是现代性别文化与现代环保主义文化两者之间的关系的体现,两种文化的协同发展是两者关系良性互动的基础,是促进公众环境关心水平提升的重要动力。因此,研究发现启示我们,为切实提高全体社会成员的环境关心水平,扩大生态文明建设的社会基础,除了要加强环境教育和宣传,还应当重视社会性别文化的建构与推广。鉴于此,教育部门和环保部门应加强协作,在全社会人群中大力推进以平等、多元价值理念为基础的现代社会性别文化与现代环保主义文化的发展,并不断探索如何消除特定性别文化与环保主义之间的紧张或冲突,努力促成两种文化的协同演进。可以从以下几个方面着手。

一是在文化建设的内容方面。一方面,批判固化的、等级制的两性关系,建构与倡导角色平等、分工流动的先进性别文化,对两性在劳动分工、政治参与、社会建设等方面的固化、刻板印象予以纠正;另一方面,倡导尊重自然、物种平等的生态友好价值理念,限制以人类中心主义为基础的环境破坏、资源浪费等观念与行为,形成两种文化在内容上的相互促进、同向发展。

二是在文化传播的媒介方面。几十年的环境教育有效促进了中国公众环境关心的增长,充分彰显了教育对于传播先进文化理念的积极作用(洪大用等,2015)。因此,一方面,要通过不同层次的正式教育提升现代性别文化与现代环保主义文化的接纳度,引导青少年人群在社会化阶段塑造积极、健康的价值观念。此外,大众媒体对于公众性别建构的重要作用也已经被大量研究所证实(Greenwood & Lippman,2010)。另一方面,对一般社会公众,要借助传统媒体以及互联网平台、移动媒体等新兴科技媒介,倡导反映多元性别角色、平等性别关系及保护生态、维持可持续发展的文化产品的制作与传播,提供多元主体的对话平台,增进不同主体对人类与自然关系、不同社会性别群体之间关系的讨论与沟通,促进多元、平等价值观在全社会范围的流行与推广。

三是在两种文化的互动方面,大力推动环境参与的社会性别平等,探索破除环境保护社会性别文化障碍的可能途径。当前许多环境治理工作的推动都需要吸纳广泛的公众参与,但实际情况是,不同社会性别特征的个体在环境行动参与方面的积极性并不相同。根据本研究发现,应依据个体的社会性别特征采取差异化的、有针对性的环境教育手段,如对受传统社会性别观念影响重、环境状况关心程度低的个体,教育其转变传统的社会性别观念,鼓励其正视差异、尊重不同需要,增进其对平等、多元价值的接纳度,进而改善其对环境保护的态度与行为。因此,未来应当运用多种方式、有针对性地分类提升不同社会性别特征人群的环保参与意愿与行动,尤其是受传统等级制观念影响较重的群体,逐步移除传统社会性别文化在公众环境参与中设置的无形障碍。

8.5　研究局限与未来展望

本研究的局限在于以下方面:第一,调查对象与样本构成带来的限制。由于本人可获取的调查资源及时间、经费等方面的局限,调查对象为北京市三所高校的大学生群体,在高校内部进行了随机抽样调查形成大学生样本,与一般公众调查结果相比,在代表性方面存在一定局限。大学生群体在年龄、受教育程度、父母身份及收入等社会人口特征方面是否具有特殊性,有研究提示我们应注意大学生样本与一般公众样本的差异,如有关于态度—行为关系的元分析发现,与一般公众相比,大学生的行为与态度之间的关系更弱(Kraus,1995)。一项关于"绿色"态度的比较研究提示我们,对基于大学生样本数据获得的结论,应在进行一般公众抽样调查前在不同学校进行多样本的确认(Larson & Kinsey,2019)。因此本研究的结论仍有待在更多大学生群体及一般公众样本中进一步验证。第二,本研究的环境关心测量采用了自我报告的方式,可能会面临方法学角度的社会期望偏差(Social Desirability Bias)问题,被访者可能会调整自己的答案,以使自己看起来更符合社会期待的形象。在本研究中环境友好的态度与行为被社会规范所期待,可能在一定程度上会影响被访者提高其自我报告水平。

本研究未来可进一步展开的课题如下:首先,本研究从两种文化协同发展的角度理解社会性别与环境关心的关系,分析认为其体现了现代性别文化与环保主义文化之间的相互促进、整合关系,这一结论仅为初步推测,接下来需要进一步探索与验证在不同社会文化中、不同社会群体中、不同时空条件下,两种文化之间的协同进化关系如何展开;其次,针对本研究中与假设不同的研究发现,说明除了社会性别文化因素影响,仍有更多文化因素与特征对环境行为产生作用,遵循不同文化之间的竞争、分化与整合的分析路径,可进一步探索环境行为产生的更多社会文化视角解释。

参考资料

中文文献

Ⅰ.著作

1.〔日〕饭岛伸子,1999,《环境社会学》,包智明译,北京:社会科学文献出版社。

2.方刚、罗蔚,2009,《社会性别与生态研究》,北京:中央编译出版社。

3.〔美〕盖尔·卢宾,1988,《女人交易——"性的政治经济学"初探》,转引自王政、杜芳琴主编《社会性别研究选译》,上海:生活·读书·新知三联书店。

4.洪大用、肖晨阳等,2012,《环境友好的社会基础:中国市民环境关心与行为的实证研究》,北京:中国人民大学出版社。

5.胡玉坤,2014,《社会性别与生态文明》,北京:社会科学文献出版社。

6.金莉、李英桃等,2011,《社会性别视角下的全球环境问题研究》,北京:中国社会科学出版社。

7.蕾恩·柯娜,2011,《性别的世界观》,刘泗翰译,台北:书林出版有限公司

8.李小江,2005,《女性/性别的学术问题》,济南:山东人民出版社。

9.李小江,2016,《女性乌托邦》,北京:社会科学文献出版社。

10.李友梅、刘春燕,2004,《环境社会学》,上海:上海大学出版社。

11.林兵,2012,《环境社会学理论与方法》,北京:中国社会科学出版社。

12.林崇德、杨治良、黄希庭,2003,《心理学大辞典》,上海:上海教育出版社。

13.罗伯特·J.斯托勒,2000,《生物性别与社会性别:男子气概与女性气质的发展》,引自凯特·米丽特著,宋文伟译:《性政治》,南京:江苏人民出版社。

14.〔美〕罗斯玛丽·帕特南·童,2002,《女性主义思潮导论》,艾晓明等译,武汉:华中师范大学出版社。

15.〔日〕鸟越皓之,2009,《环境社会学——站在生活者的角度思考》,宋金文译,北京:中国环境科学出版社。

16. 沈奕斐,2005,《被建构的女性》,上海:上海人民出版社。

17. 佟新,2011,《社会性别研究导论(第2版)》,北京:北京大学出版社。

18. 王民,1999,《环境意识及测评方法研究》,北京:中国环境科学出版社。

19. 王政、杜芳琴,1998,《社会性别研究选译》,北京:生活·读书·新知三联书店。

20. [澳]薇儿·普鲁姆德,2007,《女性主义与对自然的主宰》,马天杰、李丽丽译,重庆:重庆出版社。

21. 吴琳,2011,《美国生态女性主义批评理论与实践研究》,北京:人民出版社。

22. 吴明隆,2009,《结构方程模型——AMOS的操作与应用》,重庆:重庆大学出版社。

23. 吴小英,2000,《科学、文化与性别——女性主义的诠释》,北京:中国社会科学出版社。

24. 姚炎祥,1993,《环境保护辩证法概论》,北京:中国环境科学出版社。

25. 杨朝飞,1991,《环境文化的理论与实践(上)》,《中国环境科学》第2期。

26. 杨雪燕、李树苗,2008,《社会性别量表的开发与应用:中国农村生殖健康领域研究》,北京:社会科学文献出版社。

27. [加]约翰·汉尼根,2009,《环境社会学》,洪大用等译,北京:中国人民大学出版社。

28. 易先良,1993,《论环境意识主体层次与环境训导顺序》,《中国环境科学》第1期。

29. 郑新蓉、杜芳琴,2000,《社会性别与妇女发展》,西安:陕西人民教育出版社。

30. [美]朱迪斯·巴特勒,2009,《性别麻烦:女性主义与身份的颠覆》,宋素凤译,上海:生活·读书·新知三联书店。

31. 周怡,2004,《解读社会——文化与结构的路径》,北京:社会科学文献出版社。

32. 庄国泰,1991,《论环境意识的基本内涵》,《中国环境科学》第5期。

33. 左玉辉,2003,《环境社会学》,北京:高等教育出版社。

Ⅱ. **期刊论文**

1. [美]艾米·埃伦,周穗明译,2012,《性别、权力和理性:女性主义和批判理论》,《国外社会科学》第3期。

2. 柏棣,2013,《性别的政治:谈"社会性别"概念的不确定性》,《山东女子学院学报》第 5 期。

　　3. 包智明、陈占江,2011,《中国经验的环境之维:向度及其限度——对中国环境社会学研究的回顾与反思》,《社会学研究》第 6 期。

　　4.〔美〕C. F. 爱博斯坦,2008,《性别的巨大差异——全球女性从属特征的文化、认知与社会基础》,李中泽、黄泽云摘译,《国外社会科学》第 2 期。

　　5. 陈阿江,2007,《从外源污染到内生污染:太湖流域水环境恶化的社会文化逻辑》,《学海》第 1 期。

　　6. 陈东军、陆满兰、谢红彬,2017,《城市居民对棕地环境风险的认知及其影响因素分析——以福州市为例》,《福建师范大学学报(自然科学版)》第 6 期。

　　7. 陈涛,2008,《非工业污染的环境社会学阐释——以淮河流域徐村个案研究》,《天府新论》第 5 期。

　　8. 崔凤、邢一新,2012,《环境行为的社会学研究回顾》,《南京工业大学学报(社会科学版)》第 2 期。

　　9. 范譞,2010,《跳出性别之网——读朱迪斯·巴特勒〈消解性别〉兼论"性别规范"概念》,《社会学研究》第 5 期。

　　10. 范譞,2019,《"社会性别"概念的确立与解构》,《学海》第 5 期。

　　11. 范叶超、洪大用,2015,《差别暴露、差别职业和差别体验中国城乡居民环境关心差异的实证分析》,《社会》第 3 期。

　　12. 范叶超,2017,《项目措辞方向与 NEP 量表在中国应用的再评估》,《南京工业大学学报(社会科学版)》第 2 期。

　　13. 范叶超、肖晨阳,2019,《项目缺失数据的若干处理技术及其有效性评估——以中国版环境关心量表(CNEP)的应用为例》,《南京工业大学学报(社会科学版)》第 3 期。

　　14. 方刚,2008,《康奈尔和她的社会性别理论评述》,《妇女研究论丛》第 2 期。

　　15. 冯麟茜,2010,《基于 NEP 量表的生态旅游动机研究》,《统计与决策》第 16 期。

　　16. 付红梅,2006,《社会性别理论在中国的运用和发展》,《中华女子学院学报》第 4 期。

　　17. 龚识懿、杨洁、孟庆艳等,2010,《无锡公众太湖蓝藻风险感知分析》,《苏州科技学院学报(工程技术版)》第 1 期。

18. 龚文娟、雷俊，2007，《中国城市居民环境关心及环境友好行为的性别差异》，《海南大学学报》第 3 期。

19. 龚文娟，2008，《中国城市居民环境友好行为之性别差异分析》，《妇女研究论丛》第 6 期。

20. 龚文娟、沈珊，2016，《系统信任对环境风险认知的影响——以公众对垃圾处理的风险认知为例》，《长白学刊》第 5 期。

21. 郭爱妹、张雷，2000，《西方性别角色态度研究述评》，《山东师范大学学报（社会科学版）》第 5 期。

22. 郭爱妹，2003，《社会性别：从本质论到社会建构论》，《南京师范大学学报》第 1 期。

23. 何春蕤，2013，《研究社会性别：一个脉络的反思》，《社会学评论》第 5 期。

24. 洪大用，1998，《公民环境意识的综合评判及抽样分析》，《科技导报》第 9 期。

25. 洪大用，2006，《环境关心的测量：NEP 量表在中国的应用评估》，《社会》第 5 期。

26. 洪大用、肖晨阳，2007，《环境关心的性别差异分析》，《社会学研究》第 2 期。

27. 洪大用、卢春天，2011，《公众环境关心的多层分析——基于中国 CGSS2003 的数据应用》，《社会学研究》第 6 期。

28. 洪大用、范叶超，2013，《公众环境风险认知与环保倾向的国际比较及其理论启示》，《社会科学研究》第 6 期。

29. 洪大用、范叶超、肖晨阳，2014，《检验环境关心量表的中国版（CNEP）：基于 CGSS2010 数据的再分析》，《社会学研究》第 4 期。

30. 洪大用、范叶超、邓霞秋、曲天词，2015，《中国公众环境关心的年龄差异分析》，《青年研究》第 1 期。

31. 洪大用、范叶超，2016，《公众环境知识测量：一个本土量表的提出与检验》，《中国人民大学学报》第 4 期。

32. 洪大用、范叶超、李佩繁，2016，《地位差异、适应性与绩效期待——空气污染诱致的居民迁出意向分异研究》，《社会学研究》第 3 期。

33. 洪大用，2017，《环境社会学：事实、理论与价值》，《思想战线》第 1 期。

34. 胡玉坤、郭未、董丹，2008，《知识谱系、话语权力与妇女发展——国际发展中的社会性别理论与实践》，《南京大学学报（哲学·人文科学·社会科学）》第 4 期。

35. 黄蕾、毕军、杨洁等,2009,《连云港公众对核电和火电风险感知的比较分析》,《安全与环境学报》第 4 期。

36. 黄盈盈、潘绥铭,2013,《中国少年的多元社会性别与性取向——基于 2010 年 14－17 岁全国总人口的随机抽样调查》,《中国青年研究》第 6 期。

37. 景军,2009,《认知与自觉:一个西北乡村的环境抗争》,《中国农业大学学报》第 4 期。

38. 焦开山,2014,《社会经济地位、环境意识与环境保护行为——一项基于结构方程模型的分析》,《内蒙古社会科学(汉文版)》第 6 期。

39. 李春玲,1996,《中国社科院职业女性发展现状》,《妇女研究论丛》第 1 期。

40. 李洁、王颖、石彤,2013,《社会性别观念对女研究生学业成就的影响——基于第三期中国妇女社会地位调查之女大学生典型群体调查数据的分析》,《妇女研究论丛》第 3 期。

41. 李静雅,2012,《社会性别意识的构成及影响因素分析——以福建省厦门市的调查为例》,《人口与经济》第 3 期。

42. 李晓光,2005,《从女权主义到后女权主义》,《思想战线》第 2 期。

43. 栗晓红,2011,《社会人口特征与环境关心:基于农村的数据》,《中国人口·资源与环境》第 12 期。

44. 李银河,1996,《后现代女权主义思潮》,《哲学研究》第 5 期。

45. 刘爱玉、佟新,2014,《性别观念现状及其影响因素——基于第三期全国妇女地位调查》,《中国社会科学》第 2 期。

46. 刘霓,1998,《女性主义学术研究的成果》,《国外社会科学》第 1 期。

47. 刘霓,2001,《社会性别——西方女性主义理论的中心概念》,《国外社会科学》第 6 期。

48. 刘宗粤,2001,《性别社会化差异研究述评》,《社会》第 7 期。

49. 卢春天、洪大用,2011,《建构环境关心的测量模型——基于 2003 年中国综合社会调查数据》,《社会》第 1 期。

50. 卢勤、苏彦捷,2003,《对 Bem 性别角色量表的考察与修订》,《中国心理卫生杂志》第 8 期。

51. 罗万云、王光耀、韦惠兰,2018,《环境风险认知、生计禀赋与农民生态移民意愿——基于甘肃省西部生态贫困县市的实证调查》,《北方民族大学学报》第 4 期。

52. 罗艳菊、黄宇、毕华、赵志忠，2009，《基于环境态度的游客游憩冲击感知差异分析》，《旅游学刊》第 10 期。

53. 马戎、郭建如，2000，《中国居民在环境意识与环保态度方面的城乡差异》，《社会科学战线》第 1 期。

54. 彭远春，2013，《城市居民环境行为的结构制约》，《社会学评论》第 4 期。

55. 彭远春，2013，《国外环境行为影响因素研究述评》，《中国人口·资源与环境》第 8 期。

56. 皮兴灿、王曦影，2017，《多元视野下的中国男性气质研究》，《青年研究》第 2 期。

57. 钱铭怡、张光健、罗珊红、张莘，2000，《大学生性别角色量表（CSRI）的编制》，《心理学报》第 1 期。

58. 荣维毅，2003，《马克思主义妇女理论与社会性别理论关系探讨》，《妇女研究论丛》第 4 期。

59. 沈昊婧、谢双玉、高悦、黄宇，2010，《大学生环境行为调查及其影响因素分析——以武汉地区为例的实证研究》，《华中师范大学学报（自然科学版）》第 4 期。

60. 沈鸿、孙雪萍、苏筠，2012，《科技信任、管理信任及其对公众水灾风险认知的影响——基于长江中下游的社会调查》，《灾害学》第 1 期。

61. 石彤，2001，《女大学生社会性别观念研究》，《中华女子学院学报（社会科学版）》第 4 期。

62. 舒奇志，2011，《当代西方男性气质研究理论发展概述》，《湘潭大学学报（哲学社会科学版）》第 4 期。

63. 宋岩，2010，《男性气质和女性气质的社会性别分析》，《中华女子学院学报》第 6 期。

64. 孙猛、芦晓珊，2019，《空气污染、社会经济地位与居民健康不平等——基于 CGSS 的微观证据》，《人口学刊》第 6 期。

65. 唐明皓、周庆、匡海敏，2009，《城镇居民环境态度与环境行为的调查》，《湘潭师范学院学报（自然科学版）》第 1 期。

66. 佟新，2003，《话语对社会性别的建构》，《浙江学刊》第 4 期。

67. 万江红、闵莎，2014，《观念的变迁与现实的制约：干得好不如嫁得好——基于第三期湖北省妇女社会地位调查数据的分析》，《中南民族大学学报（人文社会科学版)》第 6 期。

68. 王凤,2008 年,《公众参与环保行为影响因素的实证研究》,《中国人口·资源与环境》第 6 期。

69. 王甫勤,2010,《风险社会与当前中国民众的风险认知研究》,《上海行政学院学报》第 2 期。

70. 王积龙,2018,《雾霾区和非雾霾区大学生风险感知与政策认知的实证研究》,《现代传播——中国传媒大学学报》第 12 期。

71. 王玲、付少平,2011,《NEP 量表在西部农村的应用评估——以陕北农村为例》,《广东农业科学》第 19 期。

72. 王美芳、袁翠翠、杨峰、曹仁艳,2013,《父母的性别角色教养态度及其与性别图式的关系》,《中国临床心理学杂志》第 4 期。

73. 王民,1999,《论环境意识的结构》,《北京师范大学学报(自然科学版)》第 3 期。

74. 王晓楠,2018,《"公"与"私":中国城市居民环境行为逻辑》,《福建论坛·人文社会科学版》第 6 期。

75. 王政,1997,《"女性意识"、"社会性别意识"辨异》,《妇女研究论丛》第 1 期。

76. 王政,2001,《浅议社会性别学在中国的发展》,《社会学研究》第 5 期。

77. 吴建平、訾非、刘贤伟等,2012,《新生态范式的测量:NEP 量表在中国修订及应用》,《北京林业大学学报(社会科学版)》第 4 期。

78. 吴建平、刘贤伟,2014,《蒙汉藏大学生环境关心的跨文化研究》,《大学教育科学》第 6 期。

79. 吴利娟,2017,《中国社会男女平等吗——性别不平等的认知差异与建构》,《学术研究》第 1 期。

80. 吴小英,2003,《当知识遭遇性别——女性主义方法论之争》,《社会学研究》第 1 期。

81. 吴小英,2005,《探寻性别关系和性别研究的潜规则——从〈父权的式微:江南农村现代化进程中的性别研究〉说起》,《社会学研究》第 3 期。

82. 吴小英,2005,《女性主义的知识范式》,《国外社会科学》第 3 期。

83. 吴小英,2018,《性别研究的中国语境:从议题到话语之争》,《妇女研究论丛》第 5 期。

84. 伍燕琼、伍月琼,2012,《Bem 性别角色量表(BSRI)在我国的应用发展综述》,《贵州师范学院学报》第 2 期。

85. 肖晨阳、洪大用,2007,《环境关心量表(NEP)在中国应用的再分析》,《社会科学辑刊》第 1 期。

86. 肖晨阳、陈涛,2020,《西方环境社会学的主要理论——以环境问题社会成因的解释为中心》第 1 期。

87. 谢晓非、徐联仓,1998,《一般社会情境中风险认知的实验研究》,《心理科学》第 4 期。

88. 徐戈、李宜威,2020,《空气质量对公众感知风险与应对意愿的影响研究》,《系统工程理论与实践》第 1 期。

89. 杨朝飞,1991,《环境文化的理论与实践(上)》,《中国环境科学》第 2 期。

90. 杨菊华、李红娟、朱格,2014,《近 20 年中国人性别观念的变动趋势与特点分析》,《妇女研究论丛》第 6 期。

91. 杨晓宁,2003,《对女性主义社会性别概念的哲学透视》,《学术交流》第 10 期。

92. 杨雪燕、李树茁,2006,《西方社会性别概念及其测量的回顾与评述》,《国外社会科学》第 4 期。

93. 杨雪燕、李树茁,2008,《中国农村社会性别意识量表的发展与验证》,《中华女子学院学报》第 2 期。

94. 杨雪燕、李树茁,2009,《基于社会性别公平理念的"态度→行为模型"之验证》,《统计与决策》第 11 期。

95. 易先良,1993,《论环境意识主体层次与环境训导顺序》,《中国环境科学》第 1 期。

96. 于冗冗、赵华、钱程、高健,2018,《环境态度及其与环境行为关系的文献评述与元分析》,《环境科学研究》第 6 期。

97. 袁亚运,2016,《我国居民环境行为及其影响因素研究——基于 CGSS2013 数据》,《干旱区资源与环境》第 4 期。

98. 张成华,2017,《论社会性别理论视域下的女性研究及其争论》,《文艺理论研究》第 2 期。

99. 张积家、张巧明,2000,《大学生性别角色观的研究》,《青年研究》第 11 期。

100. 张乐,2017,《当代青年的性别角色、家庭观念及其塑造——来自 CGSS 的数据分析》,《中国青年研究》第 4 期。

101. 张宛丽,2003,《女性主义社会学方法论探析》,《浙江学刊》第 1 期。

102. 钟毅平、谭千保、张英,2003,《大学生环境意识与环境行为的调查研究》,《心理科学》第 12 期。

103. 周旗、张攀峰、宋佃星,2017,《陕西省公众环境关心现状及其影响因子研究》,《干旱区资源与环境》第 2 期。

104. 周颜玲,1998,《妇女及性别研究中国化未来发展》,《中华女子学院学报》第 3 期。

105. 周颜玲、仇乃华、王金玲,2008,《前景与挑战:当代中国的妇女学与妇女/性别社会学》,《浙江学刊》第 4 期。

106. 周志家,2008,《环境意识研究:现状、困境与出路》,《厦门大学学报(哲学社会科学版)》第 4 期。

107. 朱慧,2017,《环境知识、风险感知与青年环境友好行为》,《当代青年研究》第 5 期。

108. 邹吉林、王美芳、曹仁艳、闫秀梅,2009,《性别发展的生物学取向研究述评》,《心理科学进展》第 5 期。

Ⅲ. 学位论文

1. 范叶超,2018,《危险的炊烟:乡村日常生活与环境变化》,北京:中国人民大学博士论文。

2. 吴柳芬,2017,《农村环境治理困境的社会学考察——以桂北杨柳村的垃圾治理为例》,北京:中国人民大学博士论文。

3. 孙岩,2006,《居民环境行为及其影响因素研究》,大连:大连理工大学博士论文。

Ⅳ. 会议论文

王菲、吴愈晓,2013,《当前中国影响主观性别角色态度的因素分析:基于 CGSS 2010 年调查数据》,中国社会学年会"性别发展与美丽中国建设"论坛,贵州贵阳。

英文文献

Ⅰ. 著作

1. Attfield R. , Andrew Belsey (1994). *Philosophy and the Natural Environ-*

ment. Cambridge University Press.

2. Bechtel,Robert B. (2000). Assumptions,Methods,and Research Problems of Ecological Psychology. pp. 61—66 in *Theoretical Perspectives in Environment-Behavior Research*:*Underlying Assumptions*,*Research Problems*,*and Methodologies*, edited. by Wapner,S. ,J. Demick,T. Yamamoto, & H. Minami. Boston,MA: Springer.

3. Beere,Carole A. (1990). Gender Roles:A Handbook of Tests and Measures. Greenwood Press.

4. Bem S. L. (1981). *Bem Sex Role Inventory*:*Professional manual*. CA:Consulting Psychologists Press.

5. Bem S. L. (1993). *The Lenses of Gender*:*Transforming the Debate on Sexual Inequality*. New Haven and London:Yale University Press.

6. Billington R. ,Strwbridge S. ,Greensides L. & Fitzsimons A. (1991). *"Culture and Society*:*A Sociology of Culture"*. Palgrave Press.

7. Carson,Rachel (1962). *Silent Spring*. MA:Houghton Mifflin.

8. Chodorow N. (1978). Family Structure and Feminine Personality. pp. 42—66 in *Women*,*Culture and Society*,edited. by Rosaldo,M. & L. Lamphere. CA:Stanford University Press.

9. Douglas,Mary & Aaron Wildavsky (1982). *Risk and Culture*:*A Essay on the Selection of Technological and Environmental Dangers*. Berkeley:University of California Press.

10. Dunlap,Riley E. & Robert E. Jones (2002). Environmental Concern:Conceptual and Measurement Issues. pp. 482—524 in *Handbook of Environmental Sociology*,edited. by Riley E. Dunlap & William Michelson. CT:Greenwood Press.

11. Ester, Peter & Van der Meer F. (1982). "Determinants of Individual Environmental Behavior: An Outline of a Behavioral Model and Some Research Findings. " The Netherland's Journal of Sociology, 18(1):57—94.

12. Hair,Joseph F. ,William C. Black,Barry J. Babin & Rolph E. Anderson. (2010). *Multivariate Data Analysis*,7th Edition,NJ:Prentice Hall.

13. Harding,Sandra G. (1986). *The Science Question in Feminism*. Cornell U-

niversity Press.

14. Harper C. L. & Monica Snowden (2012). *Environment and society : Human Perspectives on Environmental Issues*. Prentice Hall, NJ : Upper Saddle River.

15. Hernández, Bernardo, Ernesto Suárez & Stephany Hess. (2010). Ecological Worldviews. in *Psychological Approaches to Sustainability : Current Trends in Theory, Research and Applications*, edited. by Corral-Verdugo V. , Garcia-Cadena C. H. & Frias-Armenta M. NY : Nova Science.

16. Hirschfeld L. A. & Gelman S. A. (1994). *Mapping the Mind : Domain Specificity in Cognition and Culture*. NY : Cambridge University Press.

17. Hochschild A. R. (1989). *The Second Shift*. NY : Penguin.

18. Leopold, Aldo (1949). *A Sand County Almanac and Sketches Here and There*. NY : Oxford University Press.

19. Rich A. C. (1986). *Of Woman Born : Motherhood as Experience and Institution*. NY : Norton.

20. Rumelhart D. E. (1980). Schemata : the Building Blocks of Cognition. in *Theoretical Issues in Reading Comprehension*. edited. by Spiro R. J. , Bruce B. C. & Brewer W. F. NJ : Lawrence Erlbaum.

21. Scott, Joan Wallach (1988). *Gender and the Politics of History*. NY : Columbia University Press.

22. Segal, Lynne (1999). *Why Feminism : Gender, Psychology, Politics*. Cambridge : Polity Press.

23. Slovic P. (1992). Perceptions of Risk Reflections on the Psychometric Paradigm. pp. 1 — 59 in *Theories of Risk* edited. by Krirnsky S. and D. Golding NY : Praeger.

24. Spence J. T. & Helmreich, R. L. (1972). *The Attitudes Toward Women Scale : An Objective Instrument to Measure Attitudes towards the Rights and Roles of Women in Contemporary Society*. Washington, D. C. : American Psychological Association.

25. Spence J. T. & Helmreich R. L. (1978). *Masculinity and Femininity : Their Psychological Dimensions, Correlates, and Antecedents*. Austin : University of

Texas Press.

26. Stoller, Robert (1968). *Sex and Gender: On the Development of Masculinity and Femininity*. NY: Science House.

27. Tylor E. B. (1958). *Primitive Culture*. NY: Harper & Row.

28. White, Rob(2004). *Controversies in Environmental Sociology*. Cambridge University Press.

29. Wilde, Lawrence (1994). *Modern European Socialism*. Aldershot: Dartmouth.

Ⅱ. 期刊论文

1. Ajzen, Icek (1991). "The Theory of Planned Behavior." *Organizational Behavior and Human Decision Processes* 50(2): 179—211.

2. Ajzen I. & Fishbein M. (1977). " Attitude-behavior Relations: A theoretical Analysis and Review of Empirical Research. " *Psychological Bulletin*, 84(5): 888—918.

3. Amburgey, Jonathan W. & Dustin B. Thoman (2012). "A Dimensionality of the New Ecological Paradigm: Issues of Factor Structure and Measurement." *Environment and Behavior* 44(2): 235—256.

4. Ballard-Reisch D. & Elton M. (1992). "Gender Orientation and the Bem Sex Role Inventory: A Psychological Construct Revisited." *Sex Roles* 27: 291—306.

5. Bechtel, Robert B. , Victor Corral-Verdugo, Masaaki Asai & Alvaro Gonzalez Risele (2006). "A Cross-Cultural Study of Environmental Belief Structures in USA, Japan, Mexico and Peru." *International Journal of Psychology* 41(2): 145—151.

6. Beere C. A. , King D. W. , Beere D. B. & King, L. A. (1984). "The Sex-Role Egalitarianism Scale: A Measure of Attitudes toward Equality between the Sexes." *Sex Roles* 10: 563—576.

7. Bem S. L. (1974). "The Measurement of Psychological Androgyny." *Consulting and Clinical Psychology* 42(2): 155—162.

8. Bem S. L. (1977). "On the Utility of Alternative Procedures for Assessing Psychological Androgyny." *Consulting and Clinical Psychology* 45(2): 196—205.

9. Bem S. L. (1981). "Gender Schema Theory: A Cognitive Account of Sex

Typing. " *Psychological Review* 88(4):369—371.

10. Beyerlein K. & John R. Hipp (2006). "A Two-Stage Model for a Two-Stage Process:How Biographical Availability Matters for Social Movement Mobilization. " *Mobilization:An International Quarterly* 11 (3):299—320.

11. Blocker T. J. & Eckberg D. L. (1997). "Gender and Environmentalism:Results from the 1993 General Social Survey. " *Social Science Quarterly* 78(4):841—858.

12. Blocker T. J. & Eckberg D. L. (1989). "Environmental Issues as Women's Issues:General Concerns and Local Hazards. " *Social Science Quarterly* 70(3):586—593.

13. Brechin S. R. & Kempton W. (1997). "Beyond Postmaterialist Values:National Versus Individual Explanations of Global Environmentalism. " *Social Science Quarterly* 78(1) :16—20.

14. Brechin S. R. & Kempton W. (1994). "Global Environmentalism:A Challenge to the Postmaterialism Thesis? " *Social Science Quarterly* 75(2):245—269.

15. Bouyer M. ,Bagdassarian S. ,Chaabanne S. & Etienne Mullet (2001). "Personality Correlates of Risk Perception. " *Risk Analysis* 21(3):457—466.

16. Castells,Manuel (2000). "Toward a Sociology of the Network Society. " *Contemporary Sociology* 29(5):693—699

17. Catton,William R. , & Dunlap Riley E. (1980). "A New Ecological Paradigm for Post-Exuberant Sociology. " *American Behavioral Scientist* 24(1):15—47.

18. Constantinople A. (1973). "Masculinity-femininity:An Exception to a Famous Dictum?" *Psychological Bulletin* 80(5):389—407.

19. Cordano M. ,S. A. Welcomes & R. F. Scherer (2003). "An Analysis of the Predictive Validity of the New Ecological Paradigm Scale. " *The Journal of Environmental Education* 34(3):22—28.

20. Cota A. A. , & Xinaris S. (1993). "Factor Structure of the Sex-Role Ideology Scale:Introducing a Short Form. " *Sex Roles:A Journal of Research* 29(5—6):345—358.

21. Dagher G. ,Itani O. & Kassar A. N. (2015). "The Impact of Environmental

Concern and Attitude on Green Purchasing Behavior: Gender as the Moderator. " *Contemporary Management Research*, 11(2):179—206.

22. Dasgupta S. D. (1998). "Gender Roles and Cultural Continuity in the Asian Indian Immigrant Community in the U. S. "*Sex Roles* 38(11—12):953—974.

23. Davidson D. J. & Freudenburg W. R. (1996). "Gender and Environmental Risk Concerns, a Review and Analysis of Available Research. "*Environment and Behavior* 28(3):302—339.

24. Dietz T, Stern P. C. & Guagnano G A. (1998). "Social Structural and Social Psychological Bases of Environmental Concern. " *Environment and Behavior* 30 (4): 450—471.

25. Dietz T. , Kalof L. , & Stern P. C. (2002). "Gender, Values, and Environmentalism. " *Social Science Quarterly*, 83(1):353—364.

26. Dietz T. , Dan A. & Shwom R. (2007). "Support for Climate Change Policy: Social Psychological and Social Structural Influences. " *Rural Sociology* 72(2):185—214.

27. DiMaggio P. (1997). "Culture and Cognition". *Annual Review of Sociology* 23:263—287.

28. Dunlap R. E. & Van Liere K. (1978). "A Proposed Measuring Instrument and Preliminary Results: The 'New Environmental Paradigm. " *Environmental Education* 9(4):10—19.

29. Dunlap R. E. & Mertig A. G. (1997). "Global Environmental Concern: An Anomaly for Postmaterialism. " *Social Science Quarterly* 78(1):24—29.

30. Dunlap R. E. , Van Liere K. , Mertig A. G. & Jones R. E. (2000). "Measuring Endorsement of the New Ecological Paradigm: A Revised NEP Scale. " *Social Issues* 56(3):425—442.

31. Dunlap R. E. (2008). "The New Environmental Paradigm Scale: From Marginality to Worldwide Use. " *Journal of Environmental Education* 40(1):3—18.

32. Dunlap R. E. & York R. (2008). "The Globalization of Environmental Concern and the Limits of the Postmaterialist Values Explanation: Evidence from Four Multinational Surveys. " *Social Science Quarterly* 49 (3):529—563.

33. Egaly A. H. & Mladinic A. (1989). "Gender Stereotypes and Attitudes toward Women and Men." *Personality and Social Psychology Bulletin* 15(4):543—558.

34. Fassinger Ruth E. (1994). "Development and Testing of the Attitudes toward Feminism and the Women's Movement (FWM) Scale." *Psychology of Women Quarterly* 18(3):389—402.

35. Finucane M. L. , Slovic P. , Mertz C. K. , Flynn J. & Satterfield, T. A. (2000). "Gender, Race, and Perceived Risk: The 'White Male' Effect." *Health , Risk & Society* 2(2):159—172.

36. Fishbein M. & Ajzen I. (1977). " Belief, Attitude, Intention and Behavior: an Introduction to Theory and Research. " *Contemporary Sociology* 6(2) :244—245.

37. Fitzpatrick M. K. , Salgado D. M. , Suvak M. K. , King L. S. & King D. W. (2004). "Associations of Gender and Gender-Role Ideology with Behavioral and Attitude Features of Intimate Partner Aggression." *Psychology of Men & Masculinity* 5 (2):91—102.

38. Flax Jane (1987). "Postmodernism and Gender Relations in Feminist Theory." *Within and Without : Women , Gender and Theory* 12(4):621—643.

39. Flynn J. , Burns W. , Mertz C. K. & Slovic P. (1992). "Trust as a Determinant of Opposition to a High-level Radioactive Waste Repository: Analysis of a Structural Model." *Risk Analysis* 12(3):417—429.

40. Flynn J. , Slovic P. & Mertzl C. K. (1994). "Gender, Race, and Perception of Environmental Health Risks." *Risk Analysis* 14(6):1101—1108.

41. Franzen A. & Meyer, R. (2010). "Environmental Attitudes in Cross-national Perspective: A Multilevel Analysis of the ISSP 1993 and 2000." *European Sociological Review* 26 (2):219—234.

42. Gatersleben B. , Steg L. & Vlek C. (2002). "The Measurement and Determinants of Environmentally Significant Consumer Behavior." *Environment and Behavior* 34(3):335—362.

43. Glick P. & Fiske, S. T. (1997). "Hostile and Benevolent Sexism: Measuring Ambivalent Sexist Attitudes toward Women. " *Psychology of Women Quarterly* 21

(1):119—135.

44. Greenberg M. R. & D. F. Schneider (1995). "Gender Differences in Risk Perception:Effects Differ in Stressed vs. Non-Stressed Environments. " *Risk Analysis* 15(4):503—511.

45. Grendstad Gunnar (1999). "The New Ecological Paradigm Scale: Examination and Scale Analysis. " *Environmental Politics* 8(4):194—205.

46. Gustafson P. E. (1998). "Gender Differences in Risk Perception:Theoretical and Methodological Perspectives. " *Risk Analysis* 18(6):805—811.

47. Hadler M. & Haller M. (2011). "Global Activism and Nationally Driven Recycling:The Influence of World Society and National Contexts on Public and Private Environmental Behavior. " *International Sociology* 26(3):315—345.

48. Haig & David (2004). "The Inexorable Rise of Gender and the Decline of Sex:Social Change in Academic Titles,1945—2001. " *Archives of Sexual Behavior* 33(2):87—96.

49. Hamilton L. C. (1985). "Who Cares about Water Pollution? Opinions in a Small-Town Crisis. " *Sociological Inquiry* 55(2):170—181.

50. Hartmann H. (1980). "The Family as the Locus of Gender,Class,and Political Struggle:The Example of Housework. " *Journal of Women in Culture and Society* 6(3):366—394.

51. Hawcroft,Lucy J. & Taciano L. Milfont (2010). "The Use (and Abuse) of the New Environmental Paradigm Scale over the Last 30 Years:A Meta-Analysis. " *Journal of Environmental Psychology* 30(2):143—158.

52. Hayes B. C. (2001). "Gender,Scientific Knowledge, and Attitudes toward the Environment:A Cross-national Analysis. " *Political Research Quarterly* 54(3):657—671.

53. Hines J. ,H. Hungerford &A. Tomera. (1987) . "Analysis and Synthesis of Research on Responsible Environmental Behavior:A Meta-Analysis " *Environmental Education* 18(2):1—8.

54. Holt C. L. & Ellis J. B. (1998). "Assessing the Current Validity of the Bem Sex-Role Inventory. " *Sex Roles* 39(11—12):929—941.

55. Hunter L. M. , Hatch A. & Johnson A. (2004). "Cross-national Gender Variation in Environmental Behaviors. " *Social Science Quarterly* 85(3):677—694.

56. Inglehart Ronald (1995). "Public Support for the Environmental Protection: Objective Problems and Subjective Values in 43 Societies. " *Political Science & Politics* 28(1):57—72.

57. Jean P. J. & Reynolds C. R. (1984). "Sex and Attitude Distortion: Ability of Males and Females to Fake Liberal and Conservative Positions Regarding Changing Sex Roles. " *Sex Roles* 10(9—10):805—815.

58. Johnson B. B. (2002). "Gender and Race in Beliefs about Outdoor Air Pollution. " *Risk Analysis* 22(4):725—738.

59. Jones Robert Emmet & Riley E. Dunlap (1992). "The Social Bases of Environmental Concern: Have They Changed over Time?" *Rural Sociology* 57(1):28—47.

60. Kaiser F. G. , Ranney M. , Hartig T. & Bowler P. A. (1999). "Ecological Behavior, Environmental Attitude, and Feelings of Responsibility for the Environment. " *European Psychologist* 4(2):59—74.

61. Kalin R. , Heusser C. & Edwards J. (1982). "Cross-national Equivalence of a Sex-Role Ideology Scale. " *Social Psychology* ,116(1):141—142.

62. Kalin R. & Tilby P. J. (1978). "Development and Validation of a Sex-Role Ideology Scale. " *Psychological Reports* 42(3):731—738.

63. Katsurada E. & Sugihara Y. A. (1992). "Preliminary Validation of the Bem Sex Role Inventory in Japanese Culture. " *Cross-Cultural Psychology* 30(5):641—645.

64. Knight K. W. & Messer B. L. (2012). "Environmental Concern in Cross-national Perspective: The Effects of Affluence, Environmental Degradation, and World Society. " *Social Science Quarterly* 93 (2):521—537.

65. Kung Y. & Chen S. (2012). "Perception of Earthquake Risk in Taiwan: Effects of Gender and Past Earthquake Experience. " *Risk Analysis* 32(9):1535—1546.

66. La Trobe, Helen L. & Tim G. Acott (2000). "A Modified NEP/DSP Envi-

ronmental Attitudes Scale. " *The Journal of Environmental Education* 32(1):12—
20.

67. Lai J. C. , Tao J. (2003). "Perception of Environmental Hazards in Hong
Kong Chinese. " *Risk Analysis* 23(4):669—684.

68. Larsen I. C. S. &. Long E. (1988). "Attitudes toward Sex-Roles: traditional
or Egalitarian?" *Sex Roles* 19(1—2):1—12.

69. Liu Jing,Zhiyun Ouyang &. Hong Miao (2010). "Environment Attitudes of
Stakeholders and Their Perceptions Regarding Protected Area-community Conflicts: A
Case Study in China. " *Journal of Environmental Management* 91(11):2254—2262.

70. Marquart-Pyatt,Sandra T. (2008). "Are There Similar Sources of Environ-
mental Concern? Comparing Industrialized Countries. " *Social Science Quarterly* 89
(5):1312—1335.

71. Marris Claire,Langford I. H. &.O'Riordan T. (1998). "A Quantitative Test
of the Cultural Theory of Risk Perception: Comparison with the Psychometric Para-
digm. " *Risk Analysis* 18(5):635—647.

72. McAdam D. (1986). "Recruitment to High-risk Activism. " *American Jour-
nal of Sociology* 92(1):64—90.

73. McCright A. M. (2010). "The Effects of Gender on Climate Change Knowl-
edge and Concern in the American Public. " *Population* &. *Environment* 32(1):66—
87.

74. McCright A. M. &. Xiao. C. (2014). "Gender and Environmental Concern:
Insights from Recent Work and for Future Research. " *Society* &. *Natural Resources*
27(10):1109—1113.

75. McStay J. R. &. Dunlap R. E. (1983). "Male-female Differences in Concern
for the Environmental Quality. " *International Journal of Women's Studies* 6(4):
291—301.

76. Milfont T. L. &. Duckitt J. (2004). "The Structure of Environmental Atti-
tudes: A First-and Second-order Confirmatory Factor Analysis. " *Journal of Environ-
mental Psychology* 24(3):289—303.

77. Milo T. ,Badger L. W. &. Coggins D. R. (1983). "Conceptual Analysis of

the Sex-Ideology Scale. ” *Psychological Reports* 53(1):139—146.

78. Mohai Paul (1992). “Men, Women and the Environment: An Examination of the Gender Gap in Environmental Concern and Activism. ” *Society and Natural Resources* 5(1):1—19.

79. Mohai P. (1997). “Gender Differences in the Perceptions of most Important Environmental Problems. ” *Race, Gender& Class* 5(1):153—169.

80. Neto Felix (1998). “A Portuguese Short Form of the Sex-Role Ideology Scale. ” *Psychological Reports* 83(3):1104—1106.

81. Newman Todd P. &Ronald Fernandes (2016). “A Reassessment of Factors Associated with Environmental Concern and Behavior Using the 2010 General Social Survey. ” *Environmental Education Research* 22(2):153—175.

82. Oates Caroline J. & Seonaidh McDonald (2006). “Recycling and the Domestic Division of Labour: Is Green Pink or Blue?” *Sociology* 40(3):417—433.

83. Olofsson A. , Rashid S. (2011). “The White (male) Effect and Risk Perception: Can Equality Make a Difference?” *Risk Analysis* 31(6):1016—1032.

84. Orlofsky J. L. , Ramsden M. W. & Cohen R. S. (1982). “Development of the Revised Sex-Role Behavior Scale. ” *Personality Assessment* 46(6):632—638.

85. Pidgeon N. F. (1998). “Risk Assessment, Risk Values and the Social Science Programme: Why We do Need Risk Perception Research. ” *Reliability Engineering & System Safety* 59(1):5—15.

86. Pierce J. C. , N. P. Lovirch Jr. T. Tsurutani & T. Abe (1987). “Environmental Belief Systems among Japanese and American Elites and Publics. ” *Political Behavior* 9(2):139—159.

87. Pirani E. & Secondi L. (2011). “Eco-Friendly Attitudes: What European Citizens Say and What They Do. ” *International Journal of Environmental Research* 5(1):67—84.

88. Poortinga W. , Linda Steg &Charles Vlek (2004). “Values, Environmental Concern and Environmental Behavior: A Study into Household Energy Use. ” *Environment and behavior* 36(1):70—93.

89. Rindfuss Ronald R. , Karin L. Brewster & Andrew Kavee (1996). “Women,

Work, and Children: Behavioral and Attitudinal Change in the United States. " *Population and Development Review* 22(3):457.

90. Rubin D. B. (1976). "Inference and Missing Data. " *Biometrika* 63(3):581 —592.

91. Savage I. (1993). "Demographic Influences on Risk Perceptions. " *Risk Analysis* 13(4):413—420.

92. Schultz P. W. & Zelezny L. (1999). "Values as Predictors of Environmental Attitudes. " *Journal of Environmental Psychology* 19(3):255—276.

93. Scott David & Fem K. Willits (1994). "Environmental Attitudes and Behavior: A Pennsylvania Survey. " *Environment and Behavior* 26(2):239—260.

94. Sjöberg L. & Drottz-Sjöberg B. (2008). "Risk Perception by Politicians and the Public. " *Energy&Environment* 19(3—4):455—483.

95. Shen J. , and Saijo T. (2008). "Reexamining the Relations between Socio-demographic Characteristics and Individual Environmental Concern: Evidence from Shanghai Data". *Journal of Environmental Psychology.* 28(1):42—50.

96. Sherkat D. E. & Ellison C. G. (2007). "Structuring the Religion-Environment Connection. " Journal of the Scientific Study of Religion 46(1):71—85.

97. Slovic P. (1987). "Perception of Risk. " Science 236(4799):280—285.

98. Slovic P. (1999). "Trust, Emotion, Sex, Politics and Science: Surveying the Risk-Assessment Battlefield. " Risk Analysis 19(4):689—701.

99. Somma M. & Sue Tolleson-Rinehart (1997). "Tracking the Elusive Green Women: Sex, Environmentalism, and Feminism in the United States and Europe. " *Political Research Quarterly* 50(1):153—169.

100. Spence J. T. , Helmreich, R. & Stapp J. (1973). "A Short Version of the Attitude Toward Women Scale (AWS). " *Bulletin of Psychosomatic Society* 2(4): 219—220.

101. Spence J. T. & Hahn E. D. (1997). "The Attitudes toward Women Scale and Attitude Change in College Students. " *Psychology of Women Quarterly* 21(1): 17—34.

102. Starr C. (1969). "Social Benefit Versus Technological Risk. " *Science* 165

(3899):1232—1238.

103. Steger M. A. E. & Witt S. L. (1989). "Gender Differences in Environmental Orientations:A Comparison of Publics and Activists in Canada and the United States." *Western Political Quarterly* 42(4):627—649.

104. Stern P. C. ,Dietz,T. & Kalof L. (1993). "Value Orientations,Gender,and Environmental Concern." *Environment and Behavior* 25(3):322—348.

105. Stern P. C. , T. Dietz & Guagnano G. A. (1995). "The New Ecological Paradigm in Social2psychological Context. " *Environment and Behavior* 27(6):723—743.

106. Stern P. C. ,Dietz,T. ,& Guagnano G. A. (1998). "A Brief Inventory of Values." *Educational and Psychological Measurement* 58(6):984—1001.

107. Stern P. C. ,Dietz,T. ,Abel,T. ,Guagnano,G. A. & Kalof L. (1999). "A Value-Belief-Norm Theory of Support for Social Movements:The Case of Environmentalism." *Research in Human Ecology* 6(2):81—97.

108. Stern P C. (2000). "Toward a Coherent Theory of Rnvironmentally Significant Behavior." *Journal of Social Issues* 56(3):407—424.

109. Stickney L. T. ,Konrad A. M. (2007). "Gender-role Attitudes and Earnings:A Multinational Study of Married Women and Men." *Sex Roles* 57(11—12):801—811.

110. Strapko N. ,Hempel L. ,MacIlroy,K. & Smith,K. (2016). "Gender Differences in Environmental Concern:Reevaluating Gender Socialization. " *Society & Natural Resources* 29(9):1015—1031.

111. Tindall D. B. ,Scott Davies & Ce line Mauboule (2003). "Activism and Conservation Behavior in an Environmental Movement:The Contradictory Effects of Gender. " *Society and Natural Resources* 16(10):909—932.

112. Twenge J. M. (1997). "Attitudes toward Women,1970—1995:A Meta-analysis. " *Psychology of Women Quarterly* 21(1):35—51.

113. Van Liere,Kent & Riley E. Dunlap (1980). "The Social Bases of Environmental Concern: A Review of Hypotheses,Explanations and Empirical Evidence. " *Public Opinion Quarterly* 44(2):181—197.

114. Vikan A. ,Camino,C. ,Biaggio,A. & Nordvik,H. (2007). "Endorsement of the New Ecological Paradigm: A Comparison of Two Brazilian Samples and a Norwegian Sample. " *Environment and Behavior* 39:217—228.

115. Ward C. & Sethi R. R. (1986). "Cross-cultural Validation of the Bem Sex Role Inventory: Malaysian and South Indian Research. " *Cross-Cultural Psychology* 17(3):300—314.

116. Xiao C. , & Dunlap R. E. (2007). "Validating a Comprehensive Model of Environmental Concern Cross-nationally. " *Social Science Quarterly* 88(2):471—493.

117. Xiao C. & Hong,D. (2010). "Gender Differences in Environmental Behaviors in China. " *Population and Environment* 32(1):88—104.

118. Xiao C. & A. M. McCright. (2012). "Explaining Gender Differences in Concern about Environmental Problems in the United States. " *Society & Natural Resources* 25(11):1067—1084.

119. Xiao C. & Hong D. (2012). "Gender and Concern for Environmental Issues in Urban China. " *Society & Natural Resources* 25(5):468—482.

120. Xiao C. & Hong D. (2017). "Gender Difference in Concerns for the Environment Among the Chinese Public: An Update. " *Society & Natural Resources* 30(6):782—788.

121. Xiao C. ,Dunlap R. & Hong D. (2019). "Ecological Worldview as the Central Component of Environmental Concern: Clarifying the Role of the NEP. " *Society & Natural Resources* 32(1):53—72.

122. Zelezny L. C. , P. Chua& C. Aldrich. (2000). "Elaborating on Gender Differences in Environmentalism. " *Social Issues* 56(3):443—457.

123. Zhang J. ,Norvilitis J. M. & Jin S. (2001). "Measuring Gender Orientation with the Bem Sex Role Inventory in Chinese Culture. " *Sex Roles:A Journal of Research* 44(3—4):237—251.

Ⅲ. 研究报告

Slovic P. ,Flynn J. ,Mertz C. K. & Mullican L. (1993). *Health Risk Perception in Canada*. Ottawa:Department of National Health and Welfare.

附　录

附录一：

德尔菲专家意见征询表

尊敬的专家：

您好！衷心感谢您参与本研究的专家意见征询。本研究旨在综合现有性别测量量表的基础上，建构全新的性别测量工具，包括性别的具体维度、测量要素及测量指标，以期为环境关心的性别差异研究探索新的解释路径。

环境关心是自 20 世纪 70 年代末环境问题进入社会学研究视野以来持续获得关注的一个重要领域，环境关心的社会基础研究对于把握环境问题的社会建构性、引导个体积极实施环境友好行为等方面都具有重要意义，其中环境关心的性别差异研究一直都是环境关心社会基础的重要组成部分。目前环境关心的性别差异研究面临一些困境，对于性别概念的不当理解和测量可能是困境产生的重要原因，因此，本研究试图在性别再概念化与测量方式改进方面做出积极探索，以寻找环境关心性别差异的全新解释路径。另外，性别研究领域对性别的生理二元对立的划分方式反思已久，出现了大量的性别测量工具，在体现性别的社会建构性、多元性与流动性等方面各有侧重，但关于性别测量方面的共识远未得出。因此，本研究力图综合现有的性别量表，在再概念化性别的基础上构建全新的性别测量工具，以将性别研究及测量方面的新进展应用于更大范围社会现象的分析与解释。

　　本研究从文化建构角度理解性别,将性别理解为不由生理特征所决定的,而是在特定的生产和生活实践中形成的一套相对稳定的社会关系模式,既包括人们对男女差异的意义建构,也包括这种意义建构所产生的后果。

　　本次意见征询拟在性别维度的完整性、测量要素的全面性、测量指标的重要性等各个方面达成一致认识。悉知您在性别研究领域有丰富的经验与学识,是本领域的专家,我们邀请您对各级指标进行重要程度评价,您的回答对本研究具有非常重要的价值。因此,请您根据您的研究经验和认识,给出您认为合适的答案。

　　再次感谢您对本研究的支持与协助! 祝您生活愉快,身体健康!

中国人民大学社会学专业博士生×××
2019 年 2 月

打分标准如下

非常不重要	比较不重要	一般	比较重要	非常重要
1	3	5	7	9

一、请您对性别维度打分：

表1　　　　　　　　　　　　　　性别维度打分表

性别维度	打分	修改建议	判断依据	
			研究实践	直观感受
性别角色分工			1	2
性别平等态度			1	2
性别气质类型			1	2
修改建议	需要增加的维度：			
	其他修改建议：			

二、请您对性别要素打分：

表2　　　　　　　　　　　　　性别测量要素打分表

性别维度	性别要素	打分	修改建议	判断依据	
				研究实践	直观感受
性别角色分工	家庭经济角色			1	2
	家务劳动分配			1	2
	养育子女需要			1	2
	家庭事业冲突			1	2
	重要职位偏好			1	2
修改建议	需要增加的要素：				
	其他修改建议：				

续表

性别维度	性别要素	打分	修改建议	判断依据	
				研究实践	直观感受
性别平等态度	家庭事务决策			1	2
	个人事业发展			1	2
	参与社会事务			1	2
	两性行为权利			1	2
	受教育机会			1	2
	经济自由/经济能力			1	2
	同性恋爱态度			1	2
修改建议	需要增加的要素： 其他修改建议：				
性别气质类型	男性特质			1	2
	女性特质			1	2
修改建议	需要增加的要素： 其他修改建议：				

三、请您对性别指标打分：

表 3 性别测量指标打分表

性别维度	性别要素	性别指标	打分	修改建议	判断依据	
					研究实践	直观感受
性别角色分工	家庭经济角色	挣钱养家主要是男人的事情			1	2
		如果妻子有能力赚钱养家，丈夫可以留在家里照顾家庭			1	2
		男性赚钱养家，女性照顾家人对每个人都是更好的选择			1	2
		丈夫收入要比妻子高			1	2

续表

性别维度	性别要素	性别指标	打分	修改建议	判断依据	
					研究实践	直观感受
性别角色分工	家务劳动分配	男人也应该主动承担家务劳动			1	2
		现在经济条件之下，女性应该在家庭以外有所作为，男性也应该分担家庭的内务，比如清洗餐具与衣物			1	2
		妻子不应期待丈夫分担家务劳动			1	2
		女人驾驶火车和男人缝补袜子，都非常荒唐			1	2
	养育子女需要	在职妈妈可以和全职妈妈一样，与孩子建立温暖安全的亲子关系			1	2
		留在家里照顾孩子的女性更幸福			1	2
		妈妈外出工作会对学龄前儿童造成影响			1	2
	家庭事业冲突	对一个妻子来说，帮助丈夫的事业比发展自己的事业更重要			1	2
		女性应更关注自己在生育与家庭抚养上的义务，而不是对职业与商业生涯抱有渴望			1	2
		如果妻子需要，丈夫可以留在家里照顾家庭			1	2
	重要职位偏好	在领导岗位上男女比例应大致相等			1	2
		女性候选人和男性一样可以胜任领导工作			1	2
		需要加入的性别指标：				
		需要删除的性别指标：				
		需要修改的性别指标：				

续表

性别维度	性别要素	性别指标	打分	修改建议	判断依据	
					研究实践	直观感受
性别平等态度	家庭事务决策	夫妻离婚时,应允许双方以相同的理由提出离婚			1	2
		处置家庭财产与收入时,丈夫不应受到法律的倾斜照顾			1	2
		父亲在抚养子代方面应比母亲拥有更大的权力			1	2
	个人事业发展	有许多的工作,事关雇佣与晋升时男性较之女性应得到更多偏好			1	2
		在商场与职业领域里,女性应假设自己可与男性一样立足于应有的位置			1	2
		工作分配与晋升方面的绩效制度,应是严格且性别无涉的			1	2
		各行各业里,女性都应获得与男性平等的工作			1	2
		女性应较少关心自己享有何种权利,而更多关注成为优秀的妻子和母亲			1	2
	参与社会事务	一位女性不应该期望去到那些与男性完全相同的地方,或者拥有与男性完全相同的行动自由			1	2
		在解决知识与社会问题方面,女性应承担起越来越多的领导责任			1	2
		和现代社会中的男孩一样,女孩有权享有各类规范给予的自由			1	2
		一个社区的智识领导力应主要掌握在男性手中			1	2
		女性应照顾好家庭,管理国家的事情留给男性			1	2

续表

性别维度	性别要素	性别指标	打分	修改建议	判断依据	
					研究实践	直观感受
性别平等态度	两性行为权利	女性应该像男性一样,自如地向心仪之人求婚			1	2
		应该鼓励女性,结婚以前不应与任何人发生性关系,即使是她们的未婚夫也不应该			1	2
		人们言语中的咒骂和污秽言辞,出自女性之口总是比出自男性更让人厌恶			1	2
		讲黄段子应该是男性的特权			1	2
	受教育机会	在上大学的事宜方面,家庭里对儿子的鼓励应比给予女儿的鼓励更多			1	2
	经济自由/经济能力	对女性而言,经济和社会自由的重要性,远远超过对由男性建立的女性气质理想型的接受			1	2
		平均而言,在经济生产方面的贡献能力上,女性应被视为是低于男性的			1	2
	同性恋爱态度	一名男同性恋可以在你的大学教书			1	2
		两名同性成年人之间发生性关系是不对的			1	2
		支持同性恋的书可以被放在公共图书馆借阅			1	2
		需要加入的性别指标:				
		需要删除的性别指标:				
		需要修改的性别指标				

续表

性别维度	性别要素	性别指标	打分	修改建议	判断依据	
					研究实践	直观感受
性别气质类型	男性特质	进取的			1	2
		自立的			1	2
		坚守自己信念的			1	2
		独立的			1	2
		武断的			1	2
		个性强的			1	2
		有力量的			1	2
		分析能力强的			1	2
		有领导能力的			1	2
		爱冒险的			1	2
		果断的			1	2
		有立场的			1	2
		有竞争心的			1	2
		有雄心的			1	2
	女性特质	有感情的			1	2
		受人赞赏的			1	2
		忠诚的			1	2
		有同情心的			1	2
		对他人的需要敏感的			1	2
		善解人意的			1	2
		怜悯他人的			1	2
		乐于抚慰受伤情感的			1	2
		热情的			1	2
		文雅的			1	2
		爱小孩的			1	2
		温柔的			1	2
		需要加入的性别指标：				
		需要删除的性别指标：				
		需要修改的性别指标：				

专家判断系数的赋分方法

专家判断依据	系数
研究实践	0.65
直观感受	0.35

附录二：

问卷编号＿＿＿＿＿＿

大学生环境意识性别差异调查问卷

亲爱的同学：

　　您好！为了探索环境意识形成的社会基础，促进环境政策在高校的落实，我们在北京三所高校开展了本次调查。我们采用随机抽样的原则选取您作为北京高校大学生的代表，您的回答对提升大学生的环境意识、改善目前的环境问题具有重要意义，感谢您的支持！本次调查采用无记名方式，填写完成需要 7～8 分钟。问卷答案没有对错之分，您只需根据自己的实际情况在相应的选项上打√或填写文字。调查结果严格遵循我国《统计法》规定予以保密，且集群数据仅在学术研究中出现。

　　问卷有效填答完成后送您一份小礼物以示感谢！

　　问卷填写中有任何问题可以拨打负责人电话。祝您学业进步，身体健康！

　　　　　　　　　"北京大学生环境意识性别差异研究"调查组

　　　　　　　　　　　　　　　　　负责人：×××

　　　　　　　　　　　　　　　电话/微信：×××

　　A. 环境意识

　　A1. 根据您自己的判断，整体上看，您觉得中国面临的环境问题是否严重？

　　（1）非常严重　（2）比较严重　（3）既严重也不严重　（4）不太严重（5）根本不严重　（6）无法选择

　　A2. 以下所列是中国当前面临的重要环境问题，您认为它们的严重程度如何？（请在相应数字处打√）

	完全没有	根本不严重	不太严重	说不清严重不严重	比较严重	非常严重	无法选择
空气污染	0	1	2	3	4	5	8
水污染	0	1	2	3	4	5	8
土壤污染	0	1	2	3	4	5	8
工业垃圾污染	0	1	2	3	4	5	8
生活垃圾污染	0	1	2	3	4	5	8
食品污染	0	1	2	3	4	5	8
自然资源枯竭	0	1	2	3	4	5	8
淡水资源短缺	0	1	2	3	4	5	8
森林资源短缺	0	1	2	3	4	5	8
绿地不足	0	1	2	3	4	5	8
野生动植物减少	0	1	2	3	4	5	8
气候变化	0	1	2	3	4	5	8

A3. 在最近的一年里,您是否从事过下列活动或行为? 请逐项回答,并在相应选项的序号上打√。

活动或行为	从不	偶尔	经常
1. 垃圾分类投放	1	2	3
2. 与自己的亲戚朋友讨论环保问题	1	2	3
3. 采购日常用品时自己带购物篮或购物袋	1	2	3
4. 对塑料包装袋进行重复利用	1	2	3
5. 为环境保护捐款	1	2	3
6. 主动关注广播、电视和报刊中报道的环境问题和环保信息	1	2	3
7. 积极参加政府和单位组织的环境宣传教育活动	1	2	3
8. 积极参加民间环保团体举办的环保活动	1	2	3

续表

活动或行为	从不	偶尔	经常
9. 自费养护树林或绿地	1	2	3
10. 积极参加要求解决环境问题的投诉、上诉	1	2	3

A4. 我们还想了解一下您对有关环境保护知识的掌握情况。请根据您的了解判断以下每一项说法是否正确。(请在相应数字处打√)

	正确	错误	无法选择
1. 汽车尾气对人体健康不会造成威胁	1	2	8
2. 过量使用化肥农药会破坏环境	1	2	8
3. 含磷洗衣粉的使用不会造成水污染	1	2	8
4. 含氟冰箱的氟排放会破坏大气臭氧层	1	2	8
5. 酸雨的产生与烧煤没有关系	1	2	8
6. 物种之间相互依存,一个物种的消失会产生连锁反应	1	2	8
7. 国内空气质量报告中,三级空气质量意味着比一级空气质量好	1	2	8
8. 单一品种的树林更容易导致病虫害	1	2	8
9. 国内水体污染报告中,Ⅴ(5)类水质要比Ⅰ(1)类水质好	1	2	8
10. 大气中二氧化碳成分的增加会成为气候变暖的因素	1	2	8

A5. 对以下关于人类社会与环境关系的看法,您的同意程度如何?(请在相应数字处打√)

	完全不同意	比较不同意	无所谓同意不同意	比较同意	完全同意	无法选择
1. 目前的人口总量正在接近地球能够承受的极限	1	2	3	4	5	8

续表

	完全不同意	比较不同意	无所谓同意不同意	比较同意	完全同意	无法选择
2. 人是最重要的,可以为了满足自身的需要而改变自然环境	1	2	3	4	5	8
3. 人类对于自然的破坏常常导致灾难性后果	1	2	3	4	5	8
4. 由于人类的智慧,地球环境状况的改善是完全可能的	1	2	3	4	5	8
5. 目前人类正在滥用和破坏环境	1	2	3	4	5	8
6. 只要我们知道如何开发,地球上的自然资源是很充足的	1	2	3	4	5	8
7. 动植物与人类有着一样的生存权	1	2	3	4	5	8
8. 自然界的自我平衡能力足够强,完全可以应付现代工业社会的冲击	1	2	3	4	5	8
9. 尽管人类有着特殊能力,但是仍然受自然规律支配	1	2	3	4	5	8
10. 所谓人类正在面临"环境危机",是一种过分夸大的说法	1	2	3	4	5	8
11. 地球就像宇宙飞船,只有很有限的空间和资源	1	2	3	4	5	8
12. 人类生来就是主人,是要统治自然界的其他部分的	1	2	3	4	5	8
13. 自然界的平衡是很脆弱的,很容易被打乱	1	2	3	4	5	8
14. 人类终将知道更多的自然规律,从而有能力控制自然	1	2	3	4	5	8
15. 如果一切按照目前的样子继续,我们很快将遭受严重的环境灾难	1	2	3	4	5	8

B. 性别观念

B1. 对以下关于不同性别的分工与责任的看法,您的态度是完全不同意、比较不同意、无所谓同意不同意、比较同意还是完全同意?（请在相应

的数字处打√）

	完全不同意	比较不同意	无所谓同意不同意	比较同意	完全同意	无法选择
1.挣钱养家主要是男人的事情	1	2	3	4	5	8
2.如果妻子有能力赚钱养家,丈夫可以留在家里照顾家庭	1	2	3	4	5	8
3.丈夫和妻子都应当对家庭收入有所贡献	1	2	3	4	5	8
4.家庭中大的消费决策(如买房、买车等)应当主要由丈夫负责,日常开支(如买衣服、孩子报课外班等)应当主要由妻子决定	1	2	3	4	5	8
5.男性对子女的主要责任是提供生活必需品并管教他们	1	2	3	4	5	8
6.妻子应当在家庭以外有所作为,丈夫也应当主动分担家务,比如洗衣洗碗	1	2	3	4	5	8
7.对学龄前儿童的陪伴和家庭教育主要是妈妈的责任	1	2	3	4	5	8
8.陪伴孩子、照料老人等耗费时间的工作应该主要由家庭中的女性承担	1	2	3	4	5	8
9.在职妈妈和全职妈妈一样,可以与孩子建立温暖安全的亲子关系	1	2	3	4	5	8
10.女性只有在成为母亲后才能获得真正的成就感	1	2	3	4	5	8
11.对一个妻子来说,帮助丈夫的事业比发展自己的事业更重要	1	2	3	4	5	8
12.女性应当更关注自己在生育与家庭抚养上的义务,而不是对职业生涯抱有渴望	1	2	3	4	5	8
13.当家庭需要与工作需要发生冲突的时候,妻子应当留在家里	1	2	3	4	5	8
14.在领导岗位上男女比例应当大致相等	1	2	3	4	5	8

	完全不同意	比较不同意	无所谓同意不同意	比较同意	完全同意	无法选择
15. 请勾选完全同意	1	2	3	4	5	8
16. 女性和男性在工作能力上不存在本质差别	1	2	3	4	5	8
17. 女性和男性一样可以胜任领导工作	1	2	3	4	5	8
18. 在情感特质方面大多数男性比大多数女性更适合政治	1	2	3	4	5	8
19. 社会上存在男人做的工作和女人做的工作,男性最好不要选择女性的工作,反之亦然	1	2	3	4	5	8
20. 女性应该关心如何管理家庭,而管理国家的工作应留给男性	1	2	3	4	5	8
21. 为了家庭和谐,妻子不论是否情愿都应与其丈夫发生性关系	1	2	3	4	5	8

B2. 对以下关于性别平等的看法,您的态度是完全不同意、比较不同意、无所谓同意不同意、比较同意还是完全同意?(请在相应的数字处打√)

	完全不同意	比较不同意	无所谓同意不同意	比较同意	完全同意	无法选择
1. 夫妻双方有权利以相同的理由提出离婚	1	2	3	4	5	8
2. 家庭生活中的大多数重要决定应当由家庭中的成年男性做出	1	2	3	4	5	8
3. 在抚养孩子方面父亲应当比母亲拥有更大的权利	1	2	3	4	5	8
4. 家庭支出应当主要由丈夫决定	1	2	3	4	5	8
5. 各行各业里,女性都应当获得与男性平等的工作机会	1	2	3	4	5	8

续表

	完全不同意	比较不同意	无所谓同意不同意	比较同意	完全同意	无法选择
6.女性应当在商业乃至所有专业领域取得与男性一样的正当地位	1	2	3	4	5	8
7.工作分配与晋升方面的绩效制度,应当是严格性别无涉的	1	2	3	4	5	8
8.许多工作中,男性在雇佣与晋升时应当优先于女性	1	2	3	4	5	8
9.有工作是女性获取独立的最好方式	1	2	3	4	5	8
10.当工作岗位稀缺时,男性应当比女性有更多的工作权利	1	2	3	4	5	8
11.女性应当与男性一样拥有完全相同的行动自由	1	2	3	4	5	8
12.在解决社会问题方面,女性应当承担起越来越多的领导责任	1	2	3	4	5	8
13.在现代社会中,女孩与男孩一样有权享有社会规范给予的各种自由	1	2	3	4	5	8
14.与男性一样,女性可以向心仪的人求婚	1	2	3	4	5	8
15.应当鼓励女性,结婚以前不应与任何人发生性关系,即使是她们的未婚夫	1	2	3	4	5	8
16.女性骂脏话比男性骂脏话更令人反感	1	2	3	4	5	8
17.当女性与其约会对象在收入上相当时,她们应当承担一半的约会花销	1	2	3	4	5	8
18.相比女儿,家庭里应当更鼓励儿子上大学	1	2	3	4	5	8
19.儿子和女儿应当有平等的机会接受高等教育	1	2	3	4	5	8
20.对女性而言,经济和社会自由比呈现女性气质更重要	1	2	3	4	5	8
21.平均而言,女性对经济生产的贡献能力低于男性	1	2	3	4	5	8

B3. 请您对自己在最近一年的生活、学习、社会交往中展现以下特质的程度打分，最低为 0 分，最高为 5 分。0 表示完全没有，1 表示很低程度，2 表示较低程度，3 表示一般程度，4 表示较高程度，5 表示很高程度，8 表示无法选择（请在相应的数字处打√）。

	完全没有	很低程度	较低程度	一般程度	较高程度	很高程度	无法选择
作为领导者的	0	1	2	3	4	5	8
富有攻击性的	0	1	2	3	4	5	8
有雄心的	0	1	2	3	4	5	8
善于分析的	0	1	2	3	4	5	8
有主见的	0	1	2	3	4	5	8
健壮的	0	1	2	3	4	5	8
有竞争力的	0	1	2	3	4	5	8
坚守自己信念的	0	1	2	3	4	5	8
占据支配地位的	0	1	2	3	4	5	8
强有力的	0	1	2	3	4	5	8
有领导能力的	0	1	2	3	4	5	8
独立的	0	1	2	3	4	5	8
个人主义的	0	1	2	3	4	5	8
果敢的	0	1	2	3	4	5	8
男子气概的	0	1	2	3	4	5	8
自立的	0	1	2	3	4	5	8
自足的	0	1	2	3	4	5	8
有坚强个性的	0	1	2	3	4	5	8
愿意表达立场的	0	1	2	3	4	5	8
愿意承担风险的	0	1	2	3	4	5	8
富有感情的	0	1	2	3	4	5	8
爽朗的	0	1	2	3	4	5	8

续表

	完全没有	很低程度	较低程度	一般程度	较高程度	很高程度	无法选择
天真无邪的	0	1	2	3	4	5	8
有同情心的	0	1	2	3	4	5	8
不讲刺耳话的	0	1	2	3	4	5	8
乐于抚慰受伤情感的	0	1	2	3	4	5	8
女性化的	0	1	2	3	4	5	8
可以取悦的	0	1	2	3	4	5	8
文雅的	0	1	2	3	4	5	8
容易受骗的	0	1	2	3	4	5	8
喜爱小孩的	0	1	2	3	4	5	8
忠诚的	0	1	2	3	4	5	8
对他人的需要敏感的	0	1	2	3	4	5	8
羞涩的	0	1	2	3	4	5	8
轻声细语的	0	1	2	3	4	5	8
有同情心的	0	1	2	3	4	5	8
温柔的	0	1	2	3	4	5	8
善解人意的	0	1	2	3	4	5	8
热心的	0	1	2	3	4	5	8
顺从的	0	1	2	3	4	5	8

C. 基本信息

C1. 您的性别：(1)男　(2)女

C2. 您的年龄＿＿＿＿＿＿岁

C3. 您的年级：(1)大一　(2)大二　(3)大三　(4)大四　(5)大五

C4. 您所学专业的门类：

(1)哲学　(2)经济学　(3)法学　(4)教育学　(5)文学　(6)历史学

(7)理学 (8)工学 (9)农学 (10)医学 (11)军事学 (12)艺术学 (13)管理学 (14)其他(请注明_____)

C5.您的民族:(1)汉族 (2)其他民族

C6.您的政治面貌:(1)中共党员 (2)民主党派成员 (3)共青团员 (4)群众

C7.您的生源地:(1)北京 (2)北京以外(请注明_____省/直辖市/自治区)

C8.您的宗教信仰:(1)不信仰宗教 (2)信仰宗教

C9.您是否有兄弟姐妹:

(1)无 (2)有(_____兄_____弟_____姐_____妹)

C10.请估算您最近一年平均每学期的消费总和(除学费之外的所有花费)

(1)5 000元以下 (2)5 001～10 000元 (3)10 001～15 000

(4)15 001～20 000元 (5)20 001～25 000元 (6)25 001～30 000元

(7)30 001～40 000元 (8)40 001～50 000元 (9)50 001元以上

C11.您入学以前主要生活地类型:(1)省会级及以上城市 (2)地区级城市 (3)县级城市 (4)城镇 (5)乡村

C12.您入学以前户口类型:(1)农业 (2)非农业

C13.您父亲的文化程度:(1)未受过教育 (2)小学 (3)初中

(4)高中、职高或中专 (5)大学本科 (6)硕士研究生及以上

C14a.您父亲的工作单位类型:

(1)无固定工作(转至C15) (2)党政机关/人民团体 (3)国有企业 (4)国有事业 (5)集体企事业 (6)私/民营企事业 (7)外资企业 (8)其他类型(请注明_____) (9)不清楚

C14b.您父亲在单位中所处的职位:

(1)负责人/高层管理人员 (2)中层管理人员 (3)基层管理人员 (4)普通职工/职员 (5)自雇 (6)其他(请注明_____)

C15.您母亲的文化程度:(1)未受过教育 (2)小学 (3)初中

(4)高中、职高或中专　(5)大学本科　(6)硕士研究生及以上

C16a. 您母亲的工作单位类型：

(1)无固定工作(转至 C17)　(2)党政机关/人民团体　(3)国有企业

(4)国有事业　(5)集体企事业　(6)私/民营企事业　(7)外资企业

(8)其他类型(请注明_____)　(9)不清楚

C16b. 您母亲在单位中所处的职位：

(1)负责人/高层管理人员　(2)中层管理人员　(3)基层管理人员

(4)普通职工/职员　(5)自雇　(6)其他(请注明_____)

C17. 您家去年一年的家庭总收入约_____万元。

C18. 根据去年的家庭收支情况，您认为您家的生活水平在当地大体属于哪个层次？

(1)上层　(2)中上层　(3)中层　(4)中下层　(5)下层　(6)说不清

问卷到此结束，感谢您的配合！

最后希望能留下您的联系方式_____(联系方式将会严格保密，仅用于问卷回访)。我们会对被抽中回访的同学赠送红包或精美礼品！

参考资料

1. 姚炎祥,1993,《环境保护辩证法概论》,北京:中国环境科学出版社。

2. 庄国泰,1991,《论环境意识的基本内涵》,《中国环境科学》第 5 期。

3. 易先良,1993,《论环境意识主体层次与环境训导顺序》,《中国环境科学》第 1 期。

4. 杨朝飞,1991,《环境文化的理论与实践(上)》,《中国环境科学》第 2 期。

5. Ester, Peter and Van der Meer, F. (1982). "Determinants of Individual Environmental Behavior: An Outline of a Behavioral Model and Some Research Findings." *The Netherland's Journal of Sociology*,18 (1):57—94